光电光谱分析
技术与应用

GUANGDIAN GUANGPU FENXI
JISHU YU YINGYONG

林江海　张新占　何 华　等编著

化学工业出版社

·北京·

内容简介

本书重点阐述了光电光谱分析原理，光电直读光谱仪的基本结构，仪器日常分析操作、维护保养及常见故障排除，分析结果的评价与数据处理等内容，同时简要介绍了光电直读光谱仪的应用、选型、验收与检定及看谱分析等相关内容。全书共分 7 章，每章后均附思考题，书后附录列举了相关现行标准与常见型号光电直读光谱仪的技术参数及其应用范围。

本书可供企业、科研、质检、商检等部门光谱分析工作者及相关院校化学专业师生参考和使用，也可作为金属材料光谱分析技术专业培训教材用书。

图书在版编目（CIP）数据

光电光谱分析技术与应用/林江海等编著. —北京：化学工业出版社，2021.11（2022.9重印）

ISBN 978-7-122-39922-9

Ⅰ. ①光… Ⅱ. ①林… Ⅲ. ①光电子-光谱分析 Ⅳ. ①O462.1

中国版本图书馆 CIP 数据核字（2021）第 188450 号

责任编辑：张　欣　李晓红 　　　　　　　　装帧设计：王晓宇
责任校对：王　静

出版发行：化学工业出版社（北京市东城区青年湖南街 13 号　邮政编码 100011）
印　　装：涿州市般润文化传播有限公司
710mm×1000mm　1/16　印张 13½　彩插 2　字数 240 千字　2022 年 9 月北京第 1 版第 3 次印刷

购书咨询：010-64518888 　　　　　　　　　　售后服务：010-64518899
网　　址：http://www.cip.com.cn

光电光谱分析广泛应用于金属和合金的直接测定，是一类快速分析金属材料化学成分的方法。光电直读光谱仪具有分析速度快、测量精度高、操作简便等优点，是金属材料化学成分定量分析的重要仪器之一，在冶金、机械、军工等行业及第三方检测中得到了广泛应用。

作者结合多年来在光电光谱分析领域的科研和教学实践经验以及系统的工程技术研究成果，精心撰写此书，旨在提高光谱分析人员的理论及实际操作水平，保证光电直读光谱仪的检测效率及分析质量，更好地为材料检测人员提供全面的经验借鉴。全书共分为7章，重点阐述了光电光谱的分析原理、光电直读光谱仪的结构、仪器的日常操作及维护保养和分析结果的评价与数据处理等内容，简要介绍了光电直读光谱仪的应用、选型、验收与检定及看谱分析等相关内容，每章后附有思考题，既可作为仪器研发、操作人员的技术参考用书，也可作为光谱分析技术专业培训教材。

本书由山东省机械设计研究院，齐鲁工业大学（山东省科学院）机械与汽车工程学院林江海、张新占、何华及山东东仪光电仪器有限公司赵珍阳、李杨共同撰写，编写工作分工如下：第1章由林江海、何华撰写，第2章由张新占、何华撰写，第3章、第4章由赵珍阳、李杨撰写，第5章由林江海撰写，第6章、第7章由张新占、何华撰写，全书由林江海统稿，何华审稿。

在编写过程中，山东机械工业理化检测协会的李春普、张晓丽等专家给予了专业指导，相关直读光谱仪生产厂商给予了大力支持，在此一并致以衷心感谢。本书得到齐鲁工业大学（山东省科学院）2020年科教产融合试点工程项目"新一代绿色高档数控智能机床关键核心技术研究开发"（项目编号：2020KJC-ZD05）的支持，特此致谢。

由于编者水平有限，书中难免存在不足与疏漏，敬请业内专家、读者不吝指正。

编者
2021 年 6 月

第 1 章

绪论

火花原子发射光谱法俗称光电光谱分析法，因具有分析速度快、精密度高、操作简单等优点，广泛应用于金属和合金的直接测定，至今已发展成为金属冶炼、铸造及其他机械加工行业等不可或缺的分析手段。光电光谱分析属于原子发射光谱法的一类，原子发射光谱法属于仪器分析中光分析方法的一类，仪器分析又是分析化学的重要组成部分。为了使读者更好地掌握光电光谱分析方法，本章按照从属关系依次介绍了分析化学、仪器分析、原子发射光谱法与光电直读光谱分析技术的相关知识。

1.1　分析化学简介

分析化学（analytical chemistry）是化学学科的重要分支之一。它是研究物质的组成、含量、结构和形态等化学信息的分析方法及理论的科学。

1.1.1　分析化学的任务

分析化学一般通过测量与待测组分有关的某种化学和物理性质来获得物质的定性和定量结果。它的主要任务是鉴定物质的化学组成、测定物质的有关组分的含量、确定物质的结构和存在形态及其与物质性质之间的关系等。

分析化学有极高的实用价值，对人类的物质文明作出了重要贡献。分析化学广泛应用于地质普查、矿产勘探、冶金、化学工业、能源、农业、医药、临床化验、环境保护、商品检验、考古分析、法医刑侦鉴定等领域。

1.1.2　分析化学的分类

根据测定原理不同，分析化学分为化学分析和仪器分析两大部分。

化学分析历史悠久，是分析化学的基础，又称为经典分析或湿法分析。化学分析是指利用化学反应及其计量关系来确定被测物质的组成和含量的一类分析方法。常用的化学分析方法有重量法与滴定法，这类方法测定时一般需使用化学试剂、天平和玻璃器皿等，是一种绝对分析方法。

仪器分析（近代分析法或物理分析法）是在化学分析的基础之上发展起来的，是基于物质的物理或物理化学性质而建立起来的一类分析方法。这类方法通常是测量光、电、磁、声、热等物理量而得到分析结果，而测量这些物理量，一般要使用比较复杂或特殊的仪器设备，故称为"仪器分析"。仪器分析是物理和化学等多种方法和多学科的组合。仪器分析除了可用于定性和定量分析外，还可用于结构、价态、状态分析，微区和薄层分析，微量及超痕量分析等，是分析化学发展的方向之一。

与传统的化学分析相比，仪器分析具有以下特点：

① 灵敏度高，检出限低，适合于微量、痕量和超痕量成分的测定。化学分析法一般只用于常量（＞1%）组分及微量组分（0.01%～1%）的分析。

② 选择性好。很多的仪器分析方法可以通过选择或调整测定的条件，使共存组分测定时不产生干扰。

③ 操作简便，分析速度快，容易实现自动化、信息化及在线检测等。化学分析法一般只用于离线的成分分析。

④ 相对误差较大。化学分析法准确度较高，如常量分析时，重量法的相对误差一般在0.1%～0.2%。多数仪器分析相对误差较大，达1%～5%，更适用于微量和痕量组分分析。

⑤ 仪器设备较复杂，价格较昂贵，一次性投入较大。

仪器分析与化学分析二者之间并不是孤立的，区别也不是绝对的严格。

① 仪器分析方法是在化学分析的基础上发展起来的。许多仪器分析方法中的试样处理涉及到化学分析方法（试样的处理、分离及干扰的掩蔽等）；同时仪器分析方法大多都是相对的分析方法，定量需要依赖标准样品，而标准样品大多需要用化学分析方法来定值。

② 随着科学技术的发展，化学分析方法也逐步实现仪器化和自动化以及使用复杂的仪器设备。化学分析和仪器分析是相辅相成的。在使用时应根据具体情况，取长补短，综合应用。

1.1.3 仪器分析的分类

仪器分析根据测定的方法原理不同，可分为光分析法、电化学分析法、色谱分析法和其他分析法等。属于光分析法范畴的方法有很多，一般可分为非光谱法和光谱分析法两类。

非光谱法是指未涉及物质内部能级跃迁的，即通过测量光与物质相互作用时其散射、折射、衍射、干涉和偏振等性质的变化，从而建立起的一类光学分析方法。如：折射分析法、干涉分析法、旋光分析法、X射线衍射分析法、电子衍射分析法等。

光谱分析法是以光的发射、吸收和荧光为基础建立起来的方法，指物质与光相互作用时，物质内部发生量子化的能级跃迁，通过测量跃迁得到的光谱的波长和强度来进行定性、定量分析的方法。光谱是复色光经过色散系统（如棱镜、光栅）分光后，被色散开的单色光按波长（或频率）大小而依次排列的图案，全称为光学频谱，包括微波、红外线、可见光、紫外线、X 射线、γ 射线等。

根据特征谱线的波长可进行定性分析。光谱的强度与物质的含量有关，故可进行定量分析。光谱分析法主要有原子发射光谱法、原子吸收光谱法、紫外-可见吸收光谱法、红外光谱法、X 射线荧光光谱法等。

光谱分析法一般包括三个过程：能源提供能量，能量与物质作用，产生被检测信号。光谱分析仪器基本组成部分为信号发生系统、色散系统、检测系统、信号处理系统等。

1.2　原子发射光谱法

原子发射光谱法（atomic emission spectrometry，简称 AES）是十九世纪六十年代提出、二十世纪三十年代得到迅速发展的应用最早的光谱分析方法，是无机材料最为常用的元素定性和定量分析技术。二十世纪六七十年代各种新型光源和新技术的出现，如电感耦合等离子体（inductive coupled plasma，ICP）、激光光源等的应用，以及新的进样方式的出现和先进的电子技术的应用，使发射光谱分析这一古老的分析方法获得了生命力，成为公认的重要分析方法之一。

1.2.1　基本概念

原子发射光谱法是根据待测元素的激发态原子所辐射的特征谱线的波长和强度，对元素进行定性和定量测定的分析方法，是基于处于激发态的原子或离子向低能态跃迁时可以发射出特征谱线而建立起来的一种分析方法。

根据激发光源的不同，原子发射光谱分析法主要包括：电弧/火花原子发射光谱法、等离子体原子发射光谱法、摄谱法、激光光谱法、辉光光谱法等。

原子发射光谱分析一般包括三个过程：激发、分光和测光。第一步是利用激发光源使试样蒸发，解离成原子，或进一步解离成离子，最后使原子或离子得到激发，发射出特征的电磁辐射；第二步是利用分光装置将复合光按波长分开，获得特征光谱；第三步是利用检测系统记录光谱，测量谱线的波长、强度，根据谱线波长进行定性分析，根据谱线强度进行定量分析。

1.2.2 原子发射光谱法的特点

与其他分析方法相比，原子发射光谱法具有如下特点：

① 灵敏度高，检出限低。相对灵敏度可达 $0.1 \sim 1 \mu g/g$（或 $\mu g/ml$），ICP 光源可达 $10^{-4} \sim 10^{-3} \mu g/ml$。

② 选择性好。每种元素的原子被激发后，都产生独有的特征光谱，根据这些特征光谱，便可以准确无误地确定该元素的存在，这对于一些化学性质极为相似的元素具有特别重要的意义，所以发射光谱法至今仍是元素定性分析的最好方法。有 70 多种元素都可以用这种方法测定。

③ 精密度高，微量、痕量分析准确度较高。

④ 能同时测定多种元素，分析速度快。如用光电直读光谱仪测定金属材料，不需经过化学预处理，可直接分析固态试样，一般几分钟内即可测定出几十种元素的化学成分。

⑤ 试样消耗少。利用几毫克至几十毫克的试样便可完成光谱全分析。

⑥ 是一种相对分析方法，定量需要一系列标准样品。

⑦ 这种方法只能用于元素测定，不能进行结构、形态的测定。

1.3 光电直读光谱分析技术简介

电弧/火花原子发射光谱法（optical emission spectrometer，简称 OES）也称为光电直读光谱法，对应的仪器称之为电弧/火花原子发射光谱仪或光电直读光谱仪。图 1-1 为落地式光电直读光谱仪外观。

光电直读光谱仪是利用光电检测系统分析待测元素的特征谱线从而达到测定试样元素组成的一类仪器，广泛应用于金属和合金的直接测定，是分析金属材料化学成分的快速分析仪器。

1.3.1 光电直读光谱技术的发展历程

光电直读光谱技术的发展史就是原子发射光谱分析的历史。1666 年，牛顿（Newton）发现太阳光的色散现象，拉开了光谱学的帷幕。1802 年，沃拉斯顿（Wollaston）和 1814 年，夫琅和费（Fraunhofer）用分光装置对太阳光

图 1-1 落地式光电直读光谱仪外观

的暗线进行研究并绘制出谱图。1826 年，塔尔博特（Talbot）通过研究 Na、K、Sr 元素火焰光谱，初步确定了元素与特征光谱之间的关系，奠定了定性分析的基础。1835 年，惠特斯通（Wheatstone）通过观察火花激发得到的光谱，用来确定 Na、Hg、Zn、Cd 等元素的存在。但一般认为，真正光谱分析始于 1859 年，本生（Bunsen）和基尔霍夫（Kirchhoff）研制出世界第一台实用的光谱仪，奠定了光谱定性分析的基础。

光谱定量分析方法的建立始于 1873 年，洛克尔（Lockyer）和罗伯茨（Roberts）发现了某些物质激发得到的谱线亮度、谱线数目与分析物含量之间有一定关系。但是原子发射光谱定量方法的建立却是二十世纪二十年代以后的事。1920 年，格拉蒙特（Gramount）在哈特雷（W. N. Hartly）最后线原理基础上建立了发射光谱定量分析方法。直到 1925 年，盖拉赫（Gerlach）提出内标法原理才真正奠定了原子发射光谱定量分析的基础。1930 年，罗马金（Lomakin）和赛伯（Scheibe）分别在各自的实验室中提出了光谱线的强度 I 与分析物含量（质量分数）c 之间的经验关系式，赛伯-罗马金（Scheibe-Lomakin）公式，该公式至今仍是发射光谱定量分析的基本公式。

发射光谱最早使用的光源是火焰激发光源，后来发展为应用简单的电弧和电火花为激发光源。二十世纪三十年代开始改进采用控制的电弧和火花为激发光源，提高了光谱分析的稳定性。1944 年，美国的海斯勒（Hesler）和迪克（Dieke）等人在 ARL 实验室研制出世界上第一台光电直读光谱仪，之后 1946

年第一代商品机问世。二十世纪中叶，光谱分析有了突破性的发展，主要表现在：①光栅代替棱镜，使分光的质量得到了明显改善；②光电元件的问世，使光谱接收装置发生了变化；③整个分析过程采用电子计算机控制，使光电光谱仪的自动化程度提高；④便携式光谱仪发展迅速。

根据光谱接收装置（测光原件）的不同，发射光谱分析分为三种不同的方法和仪器：看谱法（目测法），对应仪器为看谱镜；摄谱法，对应仪器为摄谱仪；光电法，对应仪器为光电直读光谱仪。这三类仪器体现了光电直读光谱仪的技术发展历程。三种方法原理如图1-2所示。

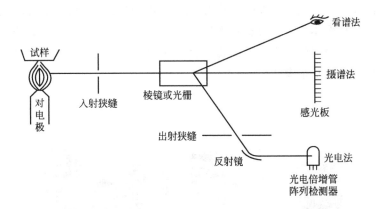

图1-2　看谱法、摄谱法和光电法的原理示意图

看谱法是指由光源激发产生的谱线经过棱镜或光栅进行分光，然后由人眼来检测、观察谱线位置和强度从而实现对试样元素组成进行鉴别的方法，仅可用于可见光区。

看谱镜按用途分为台式看谱镜和便携式看谱镜。图1-3为便携式看谱镜的

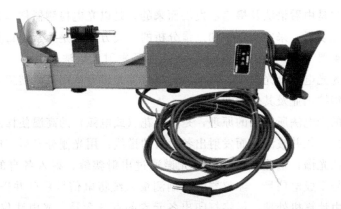

图1-3　便携式看谱镜

外观。这类仪器操作简单，其设备价位较低，但测定精密度和准确度较差，一般在企业中用于金属中合金元素定性及半定量测定，适用于钢铁牌号的快速鉴别和化学分析前的预分析。

摄谱法是用感光板来记录光谱。将光谱感光板置于摄谱仪焦面上，接受被分析试样的光谱的作用而感光；再经过显影、定影等过程后，制得光谱底片，其上有许许多多黑度不同的光谱线；然后用映谱仪观察谱线的位置及大致强度，进行光谱定性分析及半定量分析，采用测微光度计测量谱线的黑度，进行光谱定量分析。

摄谱仪外观如图1-4所示，虽比看谱镜在精密度和准确度上有所提高，但仍显不足，且操作繁杂，分析速度慢，难以适用于企业常规分析，原来主要用于地质、冶金等部门对岩石、矿物、合金等物质进行光谱定性，以及半定量和定量分析，现已基本淘汰。

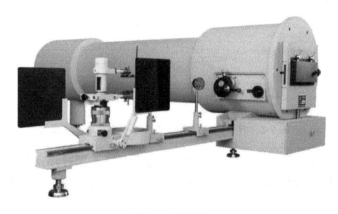

图1-4　摄谱仪

光电法是由看谱法及摄谱法发展而来的，是以光电检测器件作为接收特征谱线的测光装置，来实现定性和定量分析的一类方法，是元素定量分析发展史上的一项重要进展。光电法是电弧/火花原子发射光谱法的主要方法，其仪器习惯被称为光电直读光谱仪。最早的光电直读光谱分析用于铝镁工业，后来被广泛用于钢铁工业及其他行业。

经典的光电法所采用的原理，是用火花（或电弧）的高温使样品中各元素从固态直接气化并被激发而发射出各元素的谱线；用光栅分光后，成为按波长排列的特征光谱；这些元素的特征光谱通过出射狭缝，射入各自的光电倍增管，光信号变成电信号，经仪器的控制测量系统将电信号积分并进行模/数转换；然后由计算机处理，最终打印出各元素的百分含量。光电法仪器的原理、

光电光谱分析技术
与应用

结构如图 1-5 所示。

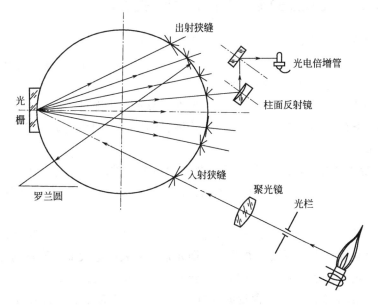

图 1-5　光电法仪器原理、结构示意图

　　在光电法七十多年的发展历程中，光电检测器件也经历了重大发展，由最初的光电管发展为经典的光电倍增管，并沿用至今。20 世纪 90 年代固态阵列式检测器开始广泛使用，使光电直读光谱仪向智能化、小型化的全谱型仪器发展。现代仪器常用的检测器为光电倍增管和固态检测器（包括 CCD、CID、CMOS 等）。根据所采用检测器的不同，可将光电直读光谱仪分为以下两种类型：

　　① 多道型仪器：一个出射狭缝和一个光电倍增管构成一个通道，一般根据需要可设置 20～70 个通道。

　　② 全谱型仪器：采用 CCD、CMOS 阵列检测器，可将试样中所有元素于 165～800nm 波长范围内的谱线记录下来并同时进行测定。

　　历经几十年的发展，国外光电直读分析技术及其应用领域已非常成熟，现阶段其技术发展方向主要体现在气体元素的分析、超低含量元素的分析、检测器多样化、夹杂物及其成分分析等方面，再做革命性技术改进的可能性较小。我国光谱分析仪器生产起步稍晚，但最近十年是国产光谱仪的快速发展时期，光谱仪生产厂达十几家之多，国产仪器也由最初的跟随模仿阶段，发展到现在部分产品已接近或达到进口仪器的技术和性能指标。

1.3.2 光电直读光谱分析的特点

一般来说，光电直读光谱分析具有以下特点：

① 多元素同时测定，分析速度快。通过一次激发可同时测定几十个元素，这比常规化学分析法要优越得多。对于金属材料的固体块状样品分析，采用光电直读光谱仪是最快的解决方式，一般在几分钟之内即可给出几十种元素的分析结果。此法适用于钢铁和有色金属冶炼、铸造过程的快速炉前成分分析，可保证冶金质量，提高生产效率。

② 精密度高。通过光源的优化及光学室温控的改进，光电光谱仪整机的稳定性不断提高，测量的相对标准偏差一般在 5% 以下，比常规化学法要好。

③ 适用波长范围广。理论上，波长在 $130\sim800nm$ 的原子发射光谱都可以被光电直读光谱仪所接收并测量，即元素周期表中绝大部分元素均可通过此方法来测定，包括常见金属元素、非金属元素及少量气体元素。

④ 可适用于高低不同含量的成分分析。由于可选择不同灵敏度的光谱线及可调整不同放大倍数的光电倍增管，因此可以同时测定同一样品中含量相差较大的各种元素。可以进行从痕量（$\mu g/g$）到高含量（60%～80%）成分的分析测定。

⑤ 样品用量少，烧损小。一般只需要消耗几毫克到几十毫克样品就可完成其中元素的全分析，可基本实现不破坏样品直接进行元素分析。需要注意的是，如果样品不均匀或激发点位置不对，分析数据可能不具有代表性。

⑥ 操作简单，维护方便，故障率低。光电直读光谱仪采用计算机自动控制和运算，操作简单易学，维护保养方便，使用故障率一般较低。

⑦ 仪器价格昂贵，但运行成本低。光电直读光谱仪价格一般在十几万到百万元之间，前期一次性投入较大，运行期间主要是氩气和电能的消耗，因其需要较少的人力即可完成全元素的分析，故分析成本较低。

⑧ 分析元素固定，对分析任务变化适应能力差。仪器出厂前，厂家会按照技术协议内容将仪器可测元素及含量范围做好设定，验收后，仪器完全可以胜任既定样品的分析。但当企业材料品种发生较大变化时，仪器将难以适应新的检测任务，故购置仪器前，使用者应对所分析材料种类及元素含量范围作充分调研。

⑨ 涉及多学科知识，深层次掌握有一定难度。光电直读光谱仪操作人员往往只需经过短期培训即可进行常规操作，但光谱分析是一门综合技术，涉及

多学科知识，要深入掌握光谱分析技术，保证分析结果的可靠性，还是有一定难度的。

1.3.3 光电直读光谱分析在企业中的应用

光电直读光谱分析具有分析速度快、精密度高、操作简单、易维护等优点，得到了众多企业实验室、检测机构的青睐，在国民经济各个领域，如冶金、机械制造、地质、石化、农业、生物、药物、轻工、环保等行业都有广泛应用。在冶金、机械制造、地质等工业部门，光谱分析承担了大量日常分析任务。

在企业实验室中，光电直读光谱分析工作的主要任务有以下几点：

① 进厂原材料复验。企业有大量原材料进厂，各种金属材料使用前必须进行复验，检查是否符合有关技术指标要求。

② 炉前分析。配合熔炼铸造过程，快速测定钢铁成分是否符合设计工艺要求。

③ 工序间质量检查。对生产过程中的铸件、锻件等进行检验，以确保铸锻等工艺条件。

④ 成品及外协外购件材料检验。对企业成品和外协外购件进行材料检验，以保证产品的性能。

⑤ 失效分析。配合有关部门，对在生产、试制和使用过程中出现的材质问题进行分析。

思 考 题

（1）试从原理、特点等方面比较化学分析法与仪器分析法。

（2）光谱分析分为哪几种？光电直读光谱属于哪类？

（3）试比较看谱法、摄谱法和光电法。

（4）企业实验室常用的仪器分析方法有哪些？

（5）光电直读光谱分析的特点是什么？

光电光谱分析原理

2.1 光和光谱

2.1.1 光

在物理学上，光的本质属性是一种电磁辐射（电磁波），是一种以巨大的速度通过空间而不需要物质作为传播媒介的光量子流。光具有波动性和粒子性，即波粒二象性。

2.1.1.1 光的波动性

根据经典物理的观点，电磁波是在空间传播着的交变电场和磁场，具有一定的频率、强度和速度。当光穿过物质时，它可以和带有电荷和磁矩的质点作用而产生能量交换，光谱分析法就是基于这种能量交换。

电磁辐射具有波动性，其波动性质可以用速度、频率、波长和强度等参数来表示。波长是指在周期波传播方向上，相邻两波同相位点间的距离。频率是指单位时间内电磁辐射振动周数。不同的电磁波具有不同的波长 λ 或频率 ν，在真空中，波长 λ 和频率 ν 之间的关系为：

$$\lambda = \frac{c}{\nu} \tag{2-1}$$

式中，c 是光在真空中的传播速度，为 $2.997925 \times 10^8 \, \text{m/s}$；$\lambda$ 为光的波长，常用 nm（纳米）或 μm（微米）表示（$1\text{m} = 10^6 \mu\text{m} = 10^9 \text{nm}$）；$\nu$ 为光的频率，单位为 Hz（赫兹）。

$$\sigma = \frac{1}{\lambda} \tag{2-2}$$

波长的倒数为波数（σ），是真空中 1cm 长度内波的数目，单位为 cm^{-1}。

当一定频率的电磁波通过不同的介质时，频率保持不变而波长发生改变，也就是说频率只决定于辐射源，而传播速度和波长与介质有关，故频率是电磁波更基本的性质。光波在空气中的传播速度和在真空中的传播速度略有差别，人们通常也用式(2-1)来表述空气中波长与频率的关系。

电磁波是波，具有波的性质，当它辐射到物体的表面上时，即会产生反射、折射、散射、干涉、衍射和偏振等现象，可以用波动性来解释。

2.1.1.2 光的粒子性

电磁辐射的波动性不能解释辐射的发射和吸收现象，对于另外一些现象，如光电效应、康普顿效应和黑体辐射等，也需把辐射看成粒子才能获得满意的解释。电磁辐射同物质相互作用时，可以看作为能量不连续的量子化粒子流，称为光子或光量子。光的粒子性表现为光的能量不是均匀连续分布在它传播的空间，而是集中在光子的微粒上。光子的能量 E 正比于电磁辐射的频率，这种能量与频率或波长的关系可用下式表述：

$$E = h\nu = \frac{hc}{\lambda} \tag{2-3}$$

式中，E 为光子具有的能量，单位为 J（焦耳）或 eV（电子伏特），$1eV = 1.60 \times 10^{-19}J$；$h$ 为普朗克（Planck）常数，$1h = 6.626 \times 10^{-34}J \cdot S$。

从式(2-3)可以看出，波长越长，光子的能量就越小，反之则能量越大。普朗克认为，物质对电磁辐射的吸收和发射是不连续的，是量子化的。物质内的分子或原子发生能级跃迁时，若以辐射能的形式传递能量，则辐射能的大小等于物质的能级间的能量差。

电磁辐射具有波粒二象性：电磁波在传播过程中，主要表现为波动性；与物质相互作用时，主要表现为粒子性。波粒二象性的程度与电磁波的波长有关：波长越短，辐射的粒子性越明显；波长越长，辐射的波动性越明显。

2.1.2 光谱

光谱又称电磁波谱，是按照波长或频率顺序排列的电磁辐射。电磁辐射包括无线电波、微波、红外线、可见光、紫外线、X 射线、γ 射线等。各种电磁辐射不仅波长不同，产生的机理也不同，它们与物质的相互作用也有显著差异。

各种分子、原子、原子核、核外电子所处的运动状态不同，它们具有的能量范围也是不同的，因此发生激发或退激时，在能级跃迁中可能吸收或发出的电磁辐射的波长也就不同。测定这些电磁辐射的波长或强度，即可实现对样品的化学组成进行定性和定量分析。

2.1.2.1 光谱的类型

光谱根据能量的高低大致可分为三个区域：①高能辐射区，包括 γ 射线和 X 射线，是能谱区。②中能辐射区，包括紫外线、可见光和红外线，统称为光学光谱。③低能辐射区，包括微波和无线电波，是波谱区。

光谱波长不同，能量大小也不同，不同的光谱类型用于不同的分析方法，如表 2-1 所示。需注意的是，不同的文献所提供的光谱区域界线往往有所不同，区域间也有重叠。

表 2-1　光谱类型及分析方法

波长范围	光谱名称	跃迁类型	分析方法
$5 \times 10^{-4} \sim$ 0.014nm	γ 射线	核能级	γ 射线光谱学、穆斯堡尔光谱学
0.014～10nm	X 射线	内层电子跃迁	X 射线荧光光谱法
10～200nm	真空紫外光区（远紫外）	价电子或成键电子跃迁	原子发射光谱法、原子吸收光谱法、紫外及可见分光光度法
200～380nm	近紫外光区		
380～780nm	可见光区		
0.78～3μm	近红外光区	分子振动和转动	红外吸收光谱法
3～30μm	中红外光区		
30～300μm	远红外光区		
0.3～100cm	微波	电子和核自旋	微波光谱法
1～1000mm	无线电波		核磁共振波谱法

光电直读光谱分析就是利用不同原子发射出的不同波长的光谱来测定金属材料的元素组成及含量的仪器分析方法。非真空型的光电直读光谱仪，其工作波长范围在近紫外区和可见光区；真空型或充气型光电直读光谱仪，其工作波长扩展到真空紫外光区（120.0nm），因而可分析这个波段中的氮、碳、磷、硫等元素的谱线，以实现这些元素的测定。因为肉眼只能看到可见光，所以看谱法的工作波长范围在可见光区。

依据光与物质相互作用的性质即能量传递的方式，可将光谱分为发射光谱、吸收光谱和拉曼（Raman）散射光谱。

物质通过电致激发、热致激发或光致激发等过程获取能量而激发，激发态的原子或分子极不稳定，它们从激发态回到基态或低能态的过程中，可能以不同形式释放出多余的能量，就产生了发射光谱。以 M 表示基态原子，M* 表示激发态原子，这个过程可表示为：

$$M^* \rightarrow M + h\nu$$

由于各种元素的原子结构和化合物的分子结构不同，造成跃迁前后能级差不同，发射光谱的波长也各不相同。通过测量物质发射光谱的波长和强度来进行定性、定量分析的方法为发射光谱法。

当物质所吸收的辐射能与该物质的原子核、原子或分子的两个能级间跃迁所需的能量相等时，将产生吸收光谱。通常表示为：

$$M+h\nu \rightarrow M^*$$

为了使吸收现象发生，电磁辐射的能量必须与吸收粒子的基态与激发态的能级差相等。通过测量物质对辐射吸收的波长和强度来进行定性、定量分析的方法为吸收光谱法。

拉曼散射光谱利用了光照射到物质分子上发生的弹性散射和非弹性散射现象。被分子散射的光发生频率变化，称为拉曼位移。拉曼位移的大小与试样分子振动或转动能级有关。利用拉曼位移研究物质结构的方法称为拉曼光谱法。

2.1.2.2　光谱的形状

光谱按外形可分为线光谱、带光谱和连续光谱三类。

当辐射物质是单个的气态原子或离子时，会产生紫外、可见光区的线光谱，谱线由一系列宽度约为 10^{-5} nm 的锐线组成。这些由一系列分立的有确定峰位的锐线光谱组成的谱线被称为线光谱。原子光谱为线光谱。

原子发射光谱由许多亮线组成，又称"亮线光谱"；原子吸收光谱是由在连续背景上的一些暗线组成，又称为"暗线光谱"。

带光谱是带状光谱的简称，是由一条条宽度不等的光带组成，这些光带由多组线光谱组成，由于它们排列紧密，致使仪器不能分辨完全。当光辐射源中存在气态基团或小分子时，会产生带光谱。由于分子内部能级比原子能级复杂，分子光谱也要比原子光谱复杂。分子中不仅存在原子能级的跃迁，还存在分子振动能级和转动能级的变化，这些变化所产生的谱线数目多且密集，呈带状出现，分辨率较低的仪器往往无法将这些紧密排列的谱线一一分辨开。

固体加热至炽热会发射连续光谱，这类热辐射称为黑体辐射。通过热能激发，凝聚体中无数原子分子振荡产生黑体辐射，呈现由于背景增加而形成光谱的连续背景辐射。连续光谱一般宽度在 350nm 以上，线光谱和带光谱叠加在连续光谱上。在一定范围内，各种波长的光都有，光谱连续不断，无明显的谱线和谱带。

从光电光谱分析的角度来讲，有用的只是线光谱，因为线光谱只与物质的原子结构有关，是该物质的特征光谱或标识光谱。带光谱和连续光谱作为分析背景，构成影响分析检出限和准确度的不利因素，在优选分析条件时应予以注意。

2.2 原子结构和原子光谱

2.2.1 原子结构

原子是由原子中心带正电的原子核和核外带负电的电子构成，原子核由质子和中子构成。每个电子带一个单位的负电荷，每个质子带一个单位的正电荷，中子呈电中性。

原子核所带的正电荷数为核电荷数。按照核电荷数从小到大的顺序给元素编号，所得的序号为该元素的原子序数（Z）。由于原子作为一个整体不显电性，而核电荷数又由质子数决定，因此对整个原子而言，存在以下关系：

$$原子序数＝核电荷数＝核内质子数＝核外电子数$$

电子是质量极轻、体积极小、带负电的微粒，它在原子核外很小的空间内做高速（近光速）运动，其运动规律与宏观物体不同，我们不能同时准确地测出它们在某一时刻的运动速率和所处的位置，也不能描画出它的运动轨迹，因此不能用经典力学来解释。

通常，我们采用量子力学的方法，通过研究电子在核外空间运动的概率分布来描述核外电子的运动规律。研究表明，电子在原子核外空间各区域出现的概率是不同的。电子云是电子在核外空间出现的概率分布的形象化表示法。如图 2-1 中小黑点比较密集的区域是电子出现概率较大的区域，即该区域内电子云的密度较大。

通常情况下，氢原子的电子云呈球形对称，越靠近原子核，电子云的密度越大，离核越远电子云的密度越小。通常把电子云出现概率最大而密度相等的地方连接起来作为电子云的界面（界面内电子出现的总概率达 95%），界面所构成的图形，就是电子云的界面图。图 2-1 为氢原子的电子云界面图。

2.2.2 原子能级

原子由带正电荷的原子核和带负电荷的 Z 个电子所组成。原子光谱是原子外层电子在不同能级间跃迁的结果。在多电子原子里，由于电子的能量不同，它们的运动区域也不相同。每一个电子的运动状态可用四个量子数 n、l、m、m_s 来描述。当 n、l、m、m_s 确定时，原子便处于某一确定的状态；

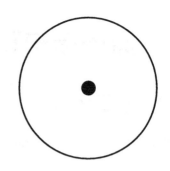

(a) 氢原子电子云　　　　　　　　(b) 氢原子电子云界面图

图 2-1　氢原子的电子云界面图

反之，任何一个量子数的改变，均会引起相应原子能量的变化。

　　主量子数 n 用来描述电子离核的远近，是决定电子能量高低的主要因素。n 值越大，电子的能量越高，电子离核越远。n 值为 1，2，3，…任意正整数。

　　角量子数 l 用来描述电子在空间不同角度出现的概率，即电子云的形状，也代表电子绕核运动的角动量，它是决定电子能量的次要因素，又称副量子数。l 值取小于 n 的整数，为 0，1，2，…，$n-1$。

　　磁量子数 m 受到角量子数 l 的限制，用来描述电子云在空间伸展方向的参数。m 值取为 $-l \leqslant m \leqslant +l$，可以取 $m=0$，± 1，± 2，…，$\pm l$。同一个 l 值，磁量子数 m 有（$2l+1$）个不同的数值。

　　电子不仅围绕原子核运动，也围绕着自身的轴转动，这种运动叫作电子的自旋，用自旋量子数 m_s 表示。m_s 的取值为 $m_s = \pm 1/2$，分别表示电子的自旋运动有顺时针方向和逆时针方向。

　　在正常状态下，原子核外电子分布在离核较近、能量较低的轨道上，体系处于相对稳定的状态，这种状态称为基态。基态原子的核外电子排布一般遵循泡利（Pauling）不相容原理、能量最低原理和洪特（Hund）规则，这三个规律可帮助我们了解核外电子排布的一般规律。

　　对于多外价电子的原子要比单价电子的原子复杂，由于价电子之间存在着相互作用，用以上四个量子数已不能正确描述电子的运动状态，乃至原子的状态。必须用矢量加和的方法将各角动量耦合，以描述整个原子所处的能级，价电子可用量子数 n、L、S 和 J 来描述。

　　n 仍为主量子数，与描述核外电子运动状态的主量子数 n 的意义相同。S 为原子的总自旋量子数，它是各价电子自旋角动量耦合后所得自旋角动量的量子数。J 为原子的总内量子数。它是原子中各价电子总轨道角动量与总自旋角动量相耦合得到的原子总角动量的量子数。L 为总轨道角量子数。各价电子角动量相互作用，按照一定的方式耦合成原子总的量子化轨道角动量。

在 n、L、S、J 四个量子数中，n、L、S 确定后，原子的能级也就基本确定了，所以根据 n、L、S 三个量子数就可以得出描述原子能级的光谱项，常用符号为：$n^{2s+1}L_J$。

"$2S+1$" 称为光谱项的多重性。当 $L \geqslant S$ 时，$2S+1$ 就是内量子数 J 可取值的数目，由 L 和 S 所确定的每一个光谱项，将有 $2S+1$ 个具有不同 J 值的光谱支项。由于 J 值不同的光谱支项能量差别极小，因而由它们产生的诸多光谱线，波长极接近，称为多重线系。

把原子中价电子所有可能存在状态的光谱项（能级及能级跃迁）用图解的形式表示出来，称为能级图。通常用纵坐标表示能量 E，基态原子的能量很低，$E=0$。能级的高低用一系列水平线表示，最下面的一条水平线表示基态，也表示横坐标。

实验证明，每种元素的原子谱线都是有限的，而且各有其特征，并不是任何两个能级之间都能发生跃迁，产生跃迁有一定的限制条件，这些限制条件在光谱学上称为光谱选律。根据光谱选律，只有满足以下四条规则的两光谱项之间才能发生跃迁：

① $\Delta n = 0$ 或任意正整数。

② L 的差值为1，即 $\Delta L = \pm 1$，跃迁只允许在 S 与 P、P 与 S 或 D 与 P 之间，等等。

③ $\Delta S = 0$，单重态只能跃迁到单重态，三重态只能跃迁到三重态。

④ J 值相等或差值为1，即 $\Delta J = 0$，± 1。但当 $J=0$，$\Delta J = 0$ 的跃迁是禁阻的。

2.2.3　原子光谱的产生

原子光谱是原子的外层电子（或称价电子）在不同能级间跃迁产生的。通常情况下，原子处在稳定状态，它的能量是最低的，这种状态称基态（E_0）。当原子受到外界能量（如电能、热能等）的作用时，价电子就从基态跃迁到较高的能级（E_i）上，较高能级称为激发态。处于激发态的电子是不稳定的，激发态原子可存在的时间小于 10^{-8} s，所以外层电子将从高能级跃迁回基态或较低能级，跃迁过程中以光的形式释放出多余的能量来，称为退激，由此产生了原子发射光谱。原子能级跃迁图见图 2-2。

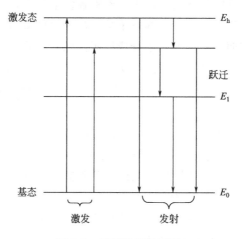

图 2-2　原子能级跃迁图

E_0 为基态能级的能量，一般用零表示，释放出的能量 ΔE 与辐射出的光波长 λ 有如下关系：

$$\Delta E = E_h - E_1 = ch/\lambda \qquad (2\text{-}4)$$

式中，ΔE 为跃迁过程释放出的能量；E_h 为高能级的能量；E_1 为低能级的能量；c 为光速；h 为普朗克常数；λ 为辐射光的波长。

从式(2-4)可见，每一条所发射谱线的波长，取决于跃迁前后两个能级能量之差。由于原子的能级很多，原子在被激发后，其外层电子可有不同的跃迁，但这些跃迁应遵循一定的规则，因此对特定元素的原子可产生一系列不同波长的特征光谱线（或光谱线组），这些谱线按一定的顺序排列，并保持一定的强度比例。原子的各个能级是不连续的（量子化）。电子的跃迁也是不连续的，这就是原子光谱是线状光谱的根本原因。

对于多电子原子，电子能级数目越多，原子能级越复杂。原子吸收了不同能量后，电子会跃迁到不同的激发态上，由不同的高能级向不同的低能级跃迁可以辐射出不同波长的谱线，所以一种元素所产生的谱线有很多条。如果激发光源能提供足够的激发能，产生的谱线数目直接取决于原子内能级的数目，设原子内能级数目为 n，在理论上发射的谱线条数应为 $n(n-1)/2$，当 n 值很大时，约为 $n^2/2$。

原子的某一价电子由基态激发到高能级所需的能量称为激发能，以电子伏（eV）表示。原子光谱中每一条谱线的产生有其各自相应的激发能，具有特征性。

每一种元素的发射或吸收光谱都有其固有的特征（波长及强度分布的不

同），即确定的元素有其确定的光谱，称为元素的特征光谱。通过确定特征谱线的波长和强度，可对各元素进行定性和定量分析。

每一种元素的基态是不相同的，激发态也是不一样的，所以发射的光子是不一致的，也就是说不同元素对应不同波长的特征光谱。定性分析就是通过识别这些元素的特征光谱来鉴别元素存在的，而谱线的强度与试样中元素的含量有关，因此也可利用谱线的强度来测定元素的含量。

如果原子在激发过程中，获得了足够的能量，可以把原子的外层电子激发至脱离核的束缚而成为离子，这一过程称为电离，使原子发生电离所需要的最低能量称为电离电位。离子外层电子跃迁时，发射的谱线称为离子线。在原子谱线表中，"Ⅰ"代表原子发射的谱线，"Ⅱ"代表一次电离离子发射的谱线，"Ⅲ"代表二次电离离子发射的谱线，以此类推。离子线也是线状光谱。每条离子线都有相应的激发电位，离子线的激发电位与电离电位的大小无关。

原子发射光谱分析的对象通常是物质的原子谱线和一次电离离子谱线。

2.2.4 谱线强度及影响因素

谱线的强度特性是光谱定量分析的基础。

原子由某一激发态 i 向基态或较低能级跃迁发射谱线的强度与激发态原子数成正比。在热力学平衡状态下，某元素的原子或离子的激发情况，即分配在各激发态和基态的原子数目遵守玻尔兹曼（Boltzman）分布定律：

$$N_i = N_0 \frac{g_i}{g_0} e^{\frac{-E_i}{kT}} \tag{2-5}$$

式中，N_i 为处于激发态的原子数；N_0 为处于基态的原子数；g_i 和 g_0 分别为第 i 个激发态与基态能级的统计权重，是和这个能级的简并度有关的常数，其数值为 $2J+1$；E_i 为由基态激发到第 i 个激发态时需要的能量，即激发电位，eV；k 为玻尔兹曼常数，其值为 1.38×10^{-23} J/K；T 为激发温度，K。

玻尔兹曼分布定律说明，处于不同激发态的原子数目的多少，主要与温度和激发能量有关，温度越高越容易将原子或离子激发到高能级，处于激发态的原子和离子数目就越多；而在同一温度下，激发电位越高的元素，激发到高能级的原子或离子就越少；对同一种元素而言，激发到不同的高能级所需的能量也是不同的，能级越高所需要的能量越大，原子数目就越少。

电子在不同能级间的跃迁，只要符合光谱选律就可能发生，这种跃迁发生可能性的大小称为跃迁概率。设电子在两个能级间的跃迁概率为 A，这两个

能级的能量分别为 E_i 和 E_0，发射谱线的频率为 ν，则一个电子在两能级间跃迁时所放出的能量即为两能级之间的能量差为 $\Delta E = E_h - E_l = h\nu$。原子的外层电子在两个能级间跃迁产生的谱线强度为：

$$I = N_i A h \nu \qquad (2\text{-}6)$$

将式（2-5）玻尔兹曼分布定律代入式（2-6），则得：

$$I = N_0 \frac{g_i}{g_0} e^{\frac{-E_i}{KT}} A h \nu \qquad (2\text{-}7)$$

由式（2-7）可知，影响谱线强度的主要因素有：

① 激发电位　激发到某能级的激发电位越高，则在此状态的原子浓度越低，谱线强度越弱。同一元素产生不同波长辐射时有不同的激发电位，所以谱线强度都是不同的。由激发态向基态直接跃迁的谱线称为共振线，由第一激发态向基态跃迁的谱线称为第一共振线。激发到第一激发态的激发电位是该元素中激发电位最低的，因此最易产生跃迁，故第一共振线的强度往往是最强的，又称之为主共振线，亦是最灵敏的。

② 跃迁概率　谱线强度与跃迁概率成正比。原子处于激发态的时间越长，跃迁概率就越小，产生的谱线强度就越弱。

③ 统计权重　谱线强度与激发态和基态的统计权重成正比。

④ 激发温度　激发温度升高，谱线强度增大。但随着温度升高，离子数目不断增多而原子数目下降，致使原子谱线强度减弱。图 2-3 给出了谱线强度与温度的关系。由图可知，不同谱线有其最合适的激发温度，并非越高越好。多元素联合测定时，要综合考虑，一般采用折中温度。

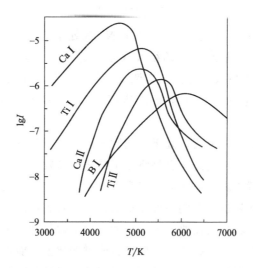

图 2-3　谱线强度与温度的关系

⑤ 原子数目 在一定条件下，谱线强度与基态原子数成正比，基态原子数目与待测元素含量成正比。在一定条件下，谱线强度与待测元素含量成正比，这是光谱定量分析的理论依据。

另外，谱线强度还受其他因素的影响，如光源类型、曝光时长、狭缝宽度、分析间隙的大小、试样的组成、形态及各种干扰等，这些因素往往是相互关联的。在进行光谱分析时，需综合考虑诸多因素，选择最佳的分析条件，才能获得理想的分析结果。

2.2.5 谱线的轮廓

原子光谱为线状光谱，外观看起来像一条条的亮线。但线状光谱也不是绝对单色的，即并非严格的几何线，而是具有一定的宽度，谱线受温度、压力等众多因素的影响，因自然宽度、多普勒变宽、碰撞变宽等原因，而使谱线具有一定的轮廓和宽度。这种变宽在理论上和实践上直接影响着原子发射光谱分析的准确性，只有正确地控制影响谱线变宽的各种因素，才能提高分析的灵敏度和准确度。

原子的吸收线或发射线的强度按频率的分布叫谱线轮廓，或称谱线的宽度，如图 2-4 所示。谱线的波长一般指谱线强度峰值处的波长。谱线轮廓所覆盖的波长范围就是谱线的宽度。谱线峰值强度 1/2 时对应的波长范围（频率差）称为光谱线半宽度。常用半宽度特征地表示谱线的宽度。

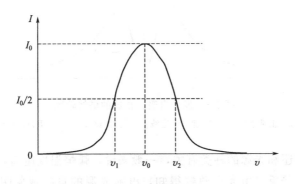

图 2-4 谱线的轮廓和宽度

2.2.6 谱线的自吸和自蚀

在光源等离子体中，不仅存在着发射过程，还存在吸收过程。发射光谱分析利用两个电极间的间隙，在高电压下击穿气体，极间温度迅速升高，使得样品表层原子气化并进一步受激发射出特征谱线。光源的弧焰温度分布并不均匀，弧焰中心温度较高，激发态原子数目多，弧焰外层温度较低，基态原子较多。光源产生的谱线主要是从温度较高的发光区域中心辐射出来，这部分谱线通过弧焰外围温度较低的区域时，可能被处于基态或低能级的同种原子所吸收，造成实际观测到的谱线强度减弱，这种现象称为光谱线的自吸（收）现象。

谱线自吸的存在，导致实际得到的谱线轮廓和强度都发生变化，这种变化的大小与自吸的程度有关。当元素含量很低时，谱线一般不表现出自吸，随着原子浓度增大，自吸也更明显，谱线中心处的吸收比边缘要明显。自吸是处于低能态的原子吸收同种元素的原子发射谱线导致的，当自吸现象非常严重时，谱线中间消失，成为双线的形状，这种现象称为自蚀。图 2-5 为发生自吸和自蚀时谱线轮廓的变化。

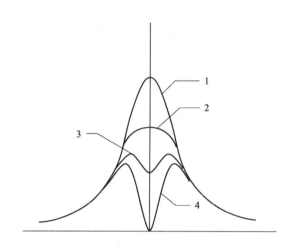

图 2-5　发生自吸、自蚀的谱线轮廓
1—正常谱线；2—轻度自吸谱线；3—自蚀谱线；4—严重自蚀谱线

自吸程度还和光源的种类有关，一般来说，弧焰温度越高，温度分布越不均匀，自吸越严重。由大量数据得知，电弧光源的自吸现象明显高于火花光源，因此光电直读光谱仪大都选择火花光源。实际工作中，可根据不同的分析任务选用合适的光源，以满足分析要求。

用于确定某一元素的谱线称为分析线。光电光谱分析时，要注意分析线的自吸程度，如果分析线存在自吸，会使工作曲线的斜率降低，不利于提高分析的准确度，而自蚀线不能用作光谱的分析线。一般元素的共振线自吸最强烈，因此只有当待测元素含量很低时，才选用共振线作为分析线。

2.3　光谱定性分析

光谱定性分析具有简单、快速的特点，适合于各种形式的试样，对大多数元素灵敏度高，一次可鉴定几十种元素。光谱分析在发现新元素方面，作出过重要贡献，至今在岩石、矿物、土壤、钢铁及有色金属分析中广泛应用，它可对七十多种元素定性，较之化学法用量少、简便、快速、可靠性高。

每种元素的原子具有各自不同的结构，当原子核外电子发生跃迁时，便会发射出各自的特征谱线，特征谱线是区别元素的重要标识。由于每种元素的原子结构复杂程度不同，激发产生的特征谱线数目有多有少，多则几千条，少则几十条。进行定性分析时，并不需要将所有的谱线逐一检出，但也不能仅凭一条谱线的存在来确定元素的有无，一般只需检出几条不受干扰的灵敏线即可。如果试样的光谱中未检测到某元素的谱线，并不能说明试样中绝对不存在该元素，只能说明该元素的含量低于方法的检测限。

灵敏线是一些激发电位低、强度大的原子线或离子线。如果谱线最强且最易检出，则称为最灵敏线。最灵敏线一般是主共振线，但自吸严重时，主共振线就不再是最灵敏线。表 2-2 列出了元素最灵敏的原子线和一级离子线的波长范围。

表 2-2　元素最灵敏的原子线和一级离子线的波长范围

波长范围 /nm	元素	
	原子线	一级离子线
10～200	He、Ne、F、Ar、N、H、Kr、O、Cl、Br、C、P、Rn、S、Hg、As、Se	Li、He、Na、Ne、K(KF)、Rb、O、Kr、Cs、Cl、N、Xe、Se、I、S、As、C、B、Ga、P、In、Sb、Al、Pb、Ge、Au、Pt、Si、Bi、Ti
200～247	Sb、Zn、Te、Cd、Be、Au	Zn、Cd、Cu、Sn、W、Ni、Ag、Pd、Rh、Fe、Ru
247～350	B、Si、Ir、Ge、Pt、Hg、Os、Bi、Sn、Cu、Ag、Pd、Ni、Rh、Co、Re、Ru	Mn、Lu、Hf、Mg、Mo、Cr、V、Nb、Be、Ti、Zr
350～800	Re、Mo、Al、Yb、Mn、Pb、Nb、Ga、Gd、Ca、Cr、Sm、V、In、Eu、Sr、Zr、Ra、Ti、Tl、Y、Ba、Sc、Na、La、Li、K、Rb、(Cs)	Sm、Sc、Yb、Y、Ra、Ta、Ca、La、Sr、Pr、Eu、Nd、Ba

当样品中元素含量逐渐减少时，最后仍能观察到的几条谱线称为光谱最后线。一般情况下，最后线就是该元素的最灵敏线，通常它们的激发能较低，多为主共振线。利用最后线检测元素，能够得到其最低的检出限。

在光谱定性分析中，根据试样中被测元素的含量不同，可选不同程度的灵敏线作分析用的谱线，这些被选作用于鉴定元素的存在及测定元素含量的谱线称为分析线。分析线往往选择灵敏线或最后线。作为分析线的灵敏线一般满足以下几点：

① 谱线应具有足够的强度，分析线一般是 2~3 条最灵敏的谱线，需排除自吸严重的谱线。

② 分析线应不与其他干扰谱线重叠。

③ 如果元素的最灵敏线不在工作波段内，可选其工作波段内的次灵敏线作为分析线。

④ 分析线的选择还受到光源、实验条件和仪器的检测性能的影响，光源不同时，同一元素选择的分析线可能不同。

光谱定性时，有时会利用元素的特征谱线组。这些谱线激发能相近，强度差不多，往往同时出现，并且具有一定的特征，易于辨别。

每种元素发射的谱线波长是一定的，波长表是依据已知波长的谱线制作的。定性分析的过程是通过观察试样的光谱，找出各谱线的位置，辨认其波长，从而确定某些元素的存在。

常用的定性分析方法有光谱比较法和波长测量法。

（1）光谱比较法

光谱比较法是将试样与待测元素的纯物质或标准试样并列摄谱，比较谱线的重叠情况，从而确定试样中元素是否存在的方法，常用的有标准试样光谱比较法和光谱图片比较法（铁谱比较法）。通过此法可进行全元素分析，将试样和标准铁电极并列摄谱，以铁谱作为标记，可以确定试样谱线的 λ 值，再查光谱线波长表，即可确定试样中有哪些元素（如图 2-6 所示）。

（2）波长测量法

波长测量法是依据未知谱线处于两条已知波长的铁谱线中间，这些谱线的波长相近，谱片上谱线间的距离与谱线间的波长差可看作成正比，因此谱线的波长可由线间距的准确测量来确定，再由谱线表查出该谱线所属元素即可。

元素谱线表有多种版本，目前广泛使用的是哈里森（Harrison）在 1939年编制的《MIT 波长表》，表中收集了 87 种元素在 200~1000nm 间的十几万条谱线，并注有谱线在不同光源下的强度，使用起来非常方便。

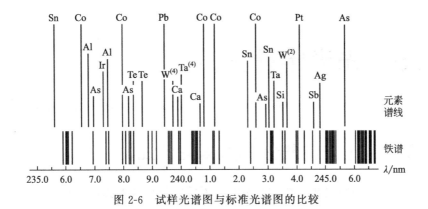

图 2-6　试样光谱图与标准光谱图的比较

2.4　光谱半定量分析

光谱半定量分析可以迅速给出试样中待测元素的大致含量，其误差允许范围较大，若分析任务对准确度要求不高，如对金属及其合金的分类、矿石的品位估计等，多采用光谱半定量分析，还可以为化学法定量分析提供待测元素的大致含量和干扰情况。采用摄谱法和看谱法进行光谱半定量分析较为方便。

光谱半定量分析常用的方法有：

（1）谱线强度比较法

将试样中待测元素的谱线强度与已知的参考强度进行比较，以确定该元素的含量。比较法可分为标样光谱比较法、谱线黑度比较法和内标光谱比较法，最常用的是谱线黑度比较法。

（2）谱线呈现法

当试样中元素的浓度逐渐增加时，该元素的谱线强度增强，谱线的数目亦增多。可预先配制一系列浓度不同的标准试样，在一定条件下摄谱，把不同浓度对应的不同谱线强度绘制成谱线呈现表。再测定时，就可以根据某一谱线的出现与否估计待测元素的大致含量。

（3）均称线对法

利用分析线和参比谱线组成均称线对，观察分析线和参比谱线的黑度，找出黑度相等的均称线对，可确定待测元素的大致含量。

（4）加权因子法

在确定的条件下，测量标准样品以获得待测元素的加权因子。分析试样时，只需测出试样光谱中各元素分析线的相对强度，即可计算各元素的相对含量。

2.5 光谱定量分析

光谱定量分析就是根据样品中待测元素的谱线强度来准确确定该元素的含量。

2.5.1 光谱定量分析基本关系式

光谱定量分析是根据试样中被测元素的特征谱线的强度（I）来确定其含量。当温度一定时，谱线强度 I 与被测元素含量 c 成正比，即

$$I = ac \tag{2-8}$$

当考虑到谱线自吸时，有如下关系式

$$I = ac^b \tag{2-9}$$

式中，b 为自吸系数，b 随含量 c 增加而减小，当浓度很小无自吸时，$b = 1$，有自吸时，$b < 1$，c 越大，自吸越严重；a 为发射系数。

a 值受试样组成、形态及放电条件等影响。在试验中很难保持为常数，故通常不采用谱线的绝对强度来进行光谱定量分析，而是采用内标法。

对式（2-9）取对数，可得：

$$\lg I = b\lg c + \lg a \tag{2-10}$$

式（2-10）由赛伯（Schiebe）和罗马金（Lomakin）提出，称为赛伯-罗马金公式，它是光谱定量分析的基本关系式。根据此式可绘制 $\lg I$-$\lg c$ 曲线，所得曲线在一定含量范围内为直线。待测元素含量低时，$b-1$，曲线呈直线；当待测元素含量高时，因自吸现象的存在，导致 $b < 1$，从而使曲线发生弯曲，如图 2-7 所示。

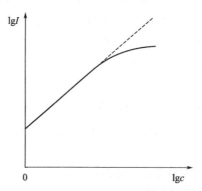

图 2-7 谱线强度与元素含量的关系

2.5.2 内标法

最初因谱线绝对强度定量的方法准确度较差，使得光谱分析长期停留在定性和半定量分析的阶段。直到 1925 年，盖拉赫（Gerlach）提出内标法，才使得光谱定量分析得以真正实现，这是光谱定量分析发展的一个重要成就。采用内标法可以减小由于试样组成、形态及放电条件等不稳定影响因素对谱线强度的影响，提高光谱定量分析的准确度。

在光谱定量分析中，由于试样的蒸发、激发条件以及试样组成等的任何变化，都会使参数 a 发生改变，直接影响到谱线强度，这种变化往往难以避免。为了提高定量分析的准确度，在实际工作中，通常通过测量谱线的相对强度来准确定量。

在被测元素谱线中选一条作为分析线，在基体元素（或定量加入的其他元素）谱线中选一条与分析线均称的谱线作为比较谱线，用分析线和比较谱线的相对强度（强度比）来进行定量分析，以抵偿难以控制的变化因素的影响，所采用的比较谱线称为内标线，提供比较谱线的元素称为内标元素。光电法中，内标元素一般是指基体元素。所采用的分析线与内标线的组合称为分析线对；组成的线对要求均称，就是当激发光源有波动时，组成分析线对的两条谱线的强度虽然有变化，但强度比能保持不变，该比值不受试验条件变化的影响，只随试样中元素含量变化而变化。

用分析线与内标线强度比进行光谱定量分析的方法称为内标法，它是一种相对强度法。测定时，选择一条分析线和一条内标线组成分析线对，以分析线和内标线的强度比（即相对强度）对被测元素的含量绘制工作曲线，从而实现光谱定量分析。内标法的数学依据如下：

设分析线与内标线的强度分别是 I_1 和 I_0，则

$$I_1 = a_1 c^b \tag{2-11}$$

$$I_0 = a_0 c_0^{b_0} \tag{2-12}$$

用 R 表示强度比，内标元素的含量和实验条件一定时，可得到：

$$R = \frac{I_1}{I_0} = \frac{a_1 c^b}{a_0 c_0^{b_0}} = a c^b \tag{2-13}$$

由式(2-13)可知，I_1 和 I_0 同时变，R 不受影响。没有自吸时，$b=1$，R 与含量 c 之间有线性关系。

对式(2-13)取对数，则得：

$$\lg R = b \lg c + \lg a \tag{2-14}$$

式（2-14）为光谱定量分析内标法的基本关系式。以 $\lg R$ 对 $\lg c$ 作图，在一定的浓度范围内应为一直线。光电直读光谱法通过光电元件测光，并由电子线路进行对数转换，直接显示出含量与相对强度的线性关系，多用二次曲线方程表示。通过计算机运算软件可直接读出待测元素的含量。

用内标法进行定量分析时，需注意的是，分析元素、内标元素、分析线和内标线必须符合以下条件：

① 选用基体元素为内标元素时，应注意基体元素含量保持不变，如果内标元素是外加的，则试样中应不含所加内标元素或含量应极微。

② 内标元素和分析元素尽量具有相近的沸点和蒸发速率。

③ 尽量选择无自吸或者自吸小的分析线和内标线，所选谱线的背景应尽量小，且不应受其他元素谱线的干扰。

④ 选择分析线时，要有足够的浓度灵敏度，也就是说，当试样中浓度稍有一点微小改变，谱线强度也要明显地表示出来。同时要求分析线的含量范围要大，以便利于分析工作。

⑤ 分析线和内标线之间要求均称性（激发电位和电离电位相等或很接近的谱线称为均称线对），即要求它们的电离电位及激发电位相等或尽量相近。

⑥ 分析线对的波长、强度及宽度应尽量接近。

光电直读光谱在分析不同样品时，可能选用不同的分析线和内标线，表2-3列举了分析碳钢、中低合金钢时推荐的内标线和分析线。

表 2-3　推荐的内标线和分析线

元素	波长/nm	可能干扰的元素
Fe	187.7（内标线） 271.44（内标线） 273.0（内标线） 287.2（内标线）	
C	165.81	
	193.09	Al、Mo、Co、Cr、W、Mn、Ni
Si	181.69	Ti、V、Mo
	212.41	C、Nb
	251.61	Ti、V、Mo、Mn
	288.16	Mo、Cr、W、Al
Mn	192.12	
	263.80	
	293.30	Cr、Si、Mo

元素	波长/nm	可能干扰的元素
P	177.49	Cu、Mn、Ni
	178.28	Ni、Cr、Al
S	180.73	Si、Ni、Mn、Cr
Cr	206.54	
	267.71	Mo、V
	286.25	Si、Ni
	298.91	V、Mo、Ni
Ni	218.49	Cr、Mn
	227.70	
	231.60	Cr、Mn、Si、Mo
W	202.99	
	209.86	Ti
	220.44	Al、Ni、V、Cr
	400.87	Ti、Mn
Mo	202.03	
	203.84	Mn
	277.53	Mn、Ni
	281.61	Mn、V、Si
	386.41	Mn、V
V	214.09	
	290.88	
	310.22	
	311.07	Al、Mn、Cr、Ti
	311.67	Cr、Mn、Nb
Al	186.27	
	199.05	
	308.21	Si、Cr、V、Mo、Ni
	394.40	Ni、V、Mo、Cr、Mn
	396.15	Si、Cr、V、Mo、Ni
Ti	190.86	
	324.19	
	334.90	
	337.28	W

元素	波长/nm	可能干扰的元素
Cu	211.20	
	212.30	Si、Mn
	224.26	Cr、Ni、W
	327.39	Nb、Si、W
	337.20	Ni、Mo
Nb	210.94	
	224.20	Cu、Ni、V
	313.10	Ti、Cr、V、Ni、Si
	319.50	Ti、V、Ni、Cr
Co	228.61	Mo、Ni
	258.03	Mo、Ni、V、W、Ti、Si
	345.35	
B	182.59	S
	182.64	Mo、Mn、Ni
Zr	179.00	
	339.19	Cr、Cu、Mo、Ti、Ni
	343.82	
	349.62	Ni
As	189.04	Cr、W
	197.26	
	228.81	
	234.98	
Sn	189.99	Cr、Al、Mn
	317.51	
	326.23	

注：表中除了 Fe 元素以外的元素波长数值指分析线波长。

经典的光电直读光谱仪装有很多分析通道，因光室空间所限，一般仅设置一个内标通道，即采用一条内标线。但当分析元素的含量变化较大时，若要提高光电光谱分析的准确度还得采用不同的内标线。

2.5.3　光谱定量分析方法

经典光电直读光谱仪是通过测量积分电容器上的电压来获得谱线的积分强

度的。样品激发产生的辐射光，经光栅分光后，光信号通过光电转换器件转换为电信号；在一定时间内，电信号储存于积分电容器内；曝光终止后，测量积分电容器的电压即可知光强的大小，从而可得到各元素的含量。

不考虑暗电流时，谱线的光强与转换得到的光电流大小成正比，且积分电容器充电后的电压值与光电流的大小和曝光时间成正比，可知积分电容器的电压值与谱线的光强成正比，即电容器电压比值与光强比值成简单线性关系。可得出电压值 V 与元素含量 c 的关系：

$$\lg V = b \lg c + \lg a' \qquad (2-15)$$

式(2-15) 可作为光电直读光谱定量的关系式。其中 b 为自吸系数。测量系列标准样品各元素对应的电压值，可绘制 $\lg V - \lg c$（V-c）曲线，分析试样时，测量对应积分电容器的电压即可求得待测元素的含量。

待测元素含量与积分电容器电压 V 或电压比值之间的关系也可用幂函数表示，在含量较低时，一般取二次曲线方程，含量 c 与电压 V 之间的关系为：

$$c = \alpha + \beta V + \gamma V^2 \qquad (2-16)$$

式中，α、β 和 γ 为待定的系数，可用三个不同含量的标准样品来求得。

实际分析时，测量试样中该元素同一分析线的电压值，这个计算过程由分析程序自动完成，操作者可直接通过显示器读出其浓度。

光电法，有时还用内标线来控制曝光量，称为自动曝光。样品在曝光时，分析线和内标线分别向各自的积分电容器充电，当内标线的积分电容器充电达到某一预定的电压时，自动截止曝光。此时分析线的积分电容器充电达到的电压即代表分析线的强度 I，并且亦代表分析线的强度比 R（因为 $R = I_1/I_0$，而此时 I_0 保持常数）。这个强度 I 或强度比 R 就由测光读数所表示。

在多种因素影响下，样品激发得到的瞬时光强并不稳定，为提高测定的精密度和准确度，现在一般采用计时曝光法。即采集一定时间段的电信号和来获得谱线的总强度或平均强度的方法。一般只有做描迹（谱线校准）时，才测量谱线的瞬时强度。

光电直读光谱定量分析校准方法主要有三种：校准曲线法、原始校准曲线法和控制试样法。

2.5.3.1 校准曲线法

校准曲线是描述待测物质浓度与测量仪器响应量或其他指示量之间的定量关系曲线。光电光谱分析中，校准曲线是表示样品中元素与仪器测量的该元素的发光强度间关系的方程式或函数曲线。校准曲线包括工作曲线和标准曲线：标准样品的测量步骤比分析样品的测量步骤有所简化的称为标准曲线，标准样品的测量步骤与分析样品的测量步骤完全相同的称为工作曲线。

实际工作中，光谱定量分析是一种相对分析方法，必须使用含量经过精确标定的样品来制作工作曲线，以确定分析样品的含量。这种含量经过精确标定的样品称为标准样品，简称为"标样"，其正规名称为"标准（参考）物质"。

光谱定量分析采用的标准样品一般是成套的。用于金属样品光电光谱分析的标准样品一般是块状或棒状，其基本要求是：分析元素分布均匀，化学成分可靠；组织结构、尺寸、加工方法等要与分析样品基本一致，不能有偏析、裂纹、夹杂等缺陷，并经过均匀度检查符合要求；一套标准样品分析元素含量要有一定梯度，含量范围比要求分析的含量范围稍宽。

使用五个或五个以上含有不同含量待测元素的标准样品，与试样在相同条件下激发，以待测元素的谱线强度或强度比 R（或 $\lg R$）与含量 c（或 $\lg c$）作校准曲线，如图 2-8 所示。使用该校准曲线，可求出样品中待测元素的含量。

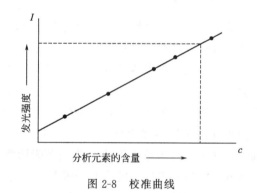

图 2-8　校准曲线

此分析方法的工作步骤为：

① 选择与分析样品相近的 5 个以上标准样品。

② 按选择的分析条件，对每个标准样品至少激发 3 次。

③ 记录测光读数仪给出的各个标准样品和分析样品的分析线对的相对强度，并分别取平均值。

④ 以标准样品的各含量及相对应的相对平均强度，制作工作曲线。

⑤ 在工作曲线上选取 3 个点坐标，求解该工作曲线的常数，建立工作曲线方程。

实际分析时，仅需激发分析试样，将样品待测元素的相对光强值，带入工作曲线方程即可求得待测元素的含量。

2.5.3.2 原始校准曲线法

仪器出厂前，大部分仪器厂家会根据所签订的技术协议内容，为用户预制一套校准曲线作为工作曲线。用户采用这些校准曲线进行日常分析，即为典型的原始校准曲线法。

光谱仪使用一段时间后，环境温度和湿度、氩气纯度和压力、实验室的震动、样品状态等因素的变化，均会使工作曲线发生漂移。漂移后的曲线无法适应当前工作条件，操作人员应根据仪器说明书要求或实际使用情况，用标准化样品对工作曲线进行修正，使修正后的谱线强度恢复到最初建立曲线时强度的操作称为曲线标准化（standization）。即使仪器长期稳定性好，标准化也应定期进行。

标准化样品（standardization sample）是用于进行标准化修正的均匀样品。其基本要求是：组成和结构均匀、稳定，至少覆盖每个元素的工作曲线的高、低含量段。标准样品可以用作标准化样品。标准化样品是仪器厂商提供的，在标准化样品用完之前，可按照说明书要求更换新的标准化样品。

标准化分为单点标准化和两点标准化。

单点标准化就是利用一个各元素含量均在所有分析元素含量范围上限附近的均匀样品来进行的标准化工作。一般来说，单点标准化更适合于较窄的浓度范围。

两点标准化也称高低标准化，需要选取两个含量分别在工作曲线上限和下限附近的标准化样品，称为高标和低标，采用高低两点对曲线进行校正，适合于较宽的浓度范围。两点标准化应用更为广泛。

曲线漂移的程度可由标准化系数看出。标准化系数接近"1"时，说明仪器稳定性好，定量分析的准确度高，偏离"1"越远证明曲线漂移越严重，测量结果的修正量越大。大部分厂家的仪器，要求标准化系数在 0.5～2.5 之间；如果不在此范围，此次标准化不予接受，应及时查找原因并排除，或对仪器维护、保养后重新进行标准化。

2.5.3.3 控制试样法

实际工作中，即便对工作曲线进行了标准化，还是会出现部分元素分析结果误差大的情况，这是因为标准样品与分析样品间存在第三元素和组织结构的差异。其中，第三元素指在分析元素和基体元素之外存在于试样中的元素。由于第三元素的存在而引起分析元素谱线强度改变，转而影响分析结果的准确度，称为第三元素影响。为了消除这些影响，常采用与分析样品化学组成、组织结构匹配的控制样品来进行类型标准化，从而提高分析结果的准确度。

控制样品（control sample）是与分析样品组织结构类似、化学成分相近且有准确赋值的均匀样品，可以用于类型标准化修正，也称为类型标准化样品（type standardization sample）。控制样品可认为是与分析试样的冶金过程和物理状态相一致的标准样品，其各元素含量应准确可靠、成分分布均匀，外观无气孔、沙眼、裂纹等物理缺陷，并且各元素含量应位于校准曲线含量范围之内，尽可能与分析样品的含量接近。

类型标准化（type standardization）是通过测量控制样品的元素强度，对原始校准曲线的有限区域范围进行修正的方法。日常分析时，在同样的工作条件下，将控制样品与分析样品同时分析，利用控制样品的分析结果与其标准值之间的偏差对分析样品的分析结果进行修正。

虽经过预燃，实际上每次光源激发条件也是有变化的。控制试样法也可以用来检查光源激发的变化，以及校正光源激发不稳定而引起的分析结果的偏差。控制样品从某种意义上讲就是一种标准样品，它的化学成分和状态更接近生产实际，可通过控制样品分析结果的变化，检查工作曲线有无移动。应用控制样品的目的是作快速分析，只需激发一个控制样品即完成校正任务。因为日常分析时，控制样品和分析样品是在同一时间段进行的，所得分析结果的变化应该彼此相似。由于可能存在第三元素或组织结构不一致的情况，工作曲线会产生某些移动，而控制样品和分析样品性质、状态的一致可以排除上述影响，提高分析结果的准确度。

控制样品的获得方式为自制或者购买市售光谱标准样品。自制控制样品需选取形态适合、成分均匀的金属成品或熔融状金属铸模成型，在确定标准值时，应注意标准值定值误差以及数据、方法的可溯源性。市售控制样品定值相对准确，但多为锻造或轧制状态，需注意是否存在因与分析样品冶炼过程不同而对分析结果带来的影响。

2.5.3.4 高合金试样定量的校正方法

光电直读光谱分析金属、合金试样时，常用基体元素作为内标，假定基体含量固定不变并接近100%。但是对一些合金元素含量高的试样，由于主量元素的变化使基体组成发生较大变化，带来分析结果的较大偏移。此时，常采用以下方法进行校正：

（1）基体校正法

在制作校准曲线时，以待测元素的浓度比（校正质量分数）代替浓度与强度比来绘制曲线，这种方法称为基体校正法。

基体元素质量分数＝100％－所有其他元素质量分数之和

被测元素的校正质量分数＝（被测元素质量分数/基体元素质量分数）×100％。

待测元素的实际浓度通过程序对上述公式逆运算完成。

（2）诱导含量法

分析复杂合金或高合金试样时，因其合金元素含量较高，允许变化的范围也较大，致使基体元素含量＜75％且波动较大。基体波动对金属及合金的光谱分析是不利的，分析准确度大大降低，为消除基体波动的影响，可采用诱导含量法校正。

以 4 个合金元素分析为例，其含量分别是 a、b、c、d。

$$基体质量分数＝100％－(a+b+c+d)$$

诱导含量分别为：

$$a'=a/[100％-(a+b+c+d)]$$
$$b'=b/[100％-(a+b+c+d)]$$
$$c'=c/[100％-(a+b+c+d)]$$
$$d'=d/[100％-(a+b+c+d)]$$

绘制校正曲线时用诱导含量与强度比来制作曲线，分析时得出的是未知样的诱导含量，再由程序解出各元素实际含量。

2.5.4 谱线干扰及校正

谱线重叠和背景差异都将对定量分析结果产生影响，因此，要根据需要，对共存元素之间的干扰或背景干扰进行校正。

（1）共存元素的干扰校正

对与分析线接近的共存元素谱线的干扰校正，通常使用含量已知的二元系或多元系标准样品，测量共存元素对分析线的影响，作为共存元素的发光强度或含量的函数。测量待测元素时，与共存元素同时进行测量，将共存元素对分析线发光强度或含量造成的影响进行校正。

（2）光谱背景校正

光谱背景是指在线状光谱上叠加的连续光谱、带状光谱等所造成的谱线强度。炽热固体（电极头、金属固体颗粒）产生的连续光谱、光源中生成的双原子分子带状光谱、分析线旁的散射线以及光学系统的杂散光等都会造成光谱背景。

光谱背景作为噪声存在，影响分析的灵敏度和检出限。同时由于背景的存在，会改变校准曲线的形状和位置，降低光谱分析的准确度和灵敏度。若不扣除光谱背景，必然导致测量误差。

当背景强度对分析线的发光强度造成影响时，应减去背景强度，计算分析线的静发光强度，常用的校正方法为空白扣除法。光电直读光谱仪程序一般自带自动校正背景功能，只需在程序中输入扣除背景的波长范围即可自动扣除，可直接给出待测元素的谱线强度或含量。

思　考　题

（1）名词解释：基态、激发态、激发电位、共振线、主共振线、灵敏线、最灵敏线、分析线。

（2）特征光谱是如何产生的？

（3）原子发射光谱法定性和定量的依据是什么？

（4）如何选择分析线？

（5）何为自吸、自蚀效应？对光谱分析会产生什么样的影响？

（6）光谱定量分析时为什么采用内标法？内标线和分析线应具备什么样的条件？

（7）简述光电直读光谱的定量分析方法。

（8）何为标准化、类型标准化？其作用分别是什么？

（9）简述光谱分析涉及的四类样品。

光电光谱分析技术
与应用

第 3 章

光电直读光谱仪的 基本结构

光电直读光谱仪从功能和结构上可分为：激发系统、光学系统、测光系统和控制系统四个主要模块，以及一些其他附属装置。图 3-1 为常见落地式光电直读光谱仪整机结构简图。

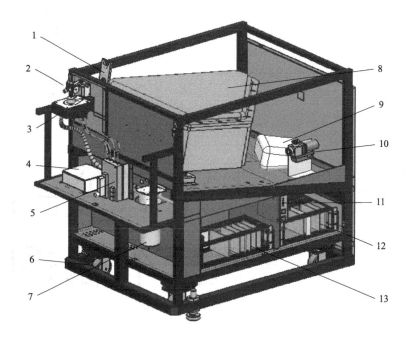

图 3-1　落地式光电直读光谱仪整机结构简图（见彩图 1）

1—透镜抽板；2—试样压架；3—激发台；4—数字光源箱；5—气路控制板；
6—万向轮；7—废氩瓶；8—光学室；9—恒温风机；10—电磁阀；
11—真空控制板；12—高压箱；13—检测箱

光电直读光谱仪主要用于块状金属样品的成分分析，其各部分功能有机配合、协调工作，通过标准样品校准后，能够快速精确地分析出未知样品的成分含量。

激发系统的主要作用是通过火花放电使固态样品充分原子化，并发射出各元素原子的特征谱线；光学系统对激发系统产生出的复合光进行分光处理（包括聚焦、成线、分光和筛选），从而分离出各元素的特征谱线；测光系统对分离出的特征谱线进行光电转换，通过积分电路获得模拟信号，再通过 A/D 转换获得数字信号，传输到上位机进行数据处理和计算，输出各元素百分含量；控制系统向光谱仪各部分发出时序控制指令，完成整个分析过程，并使仪器保持稳定的工作状态。

多道型光电直读光谱仪的原理示意如图 3-2 所示。

光电光谱分析技术
与应用

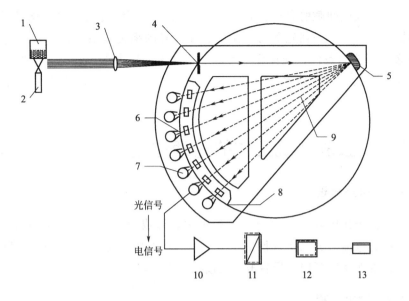

图 3-2　多道型光电直读光谱仪原理示意图

1—样品；2—电极；3—透镜；4—入射狭缝；5—光栅；6—出射狭缝；

7—光电倍增管；8—罗兰圆；9—单色光；10—积分器；

11—数模转换器件；12—计算机；13—打印机

3.1　激发系统

　　激发系统是各元素特征光谱信号的发生装置，激发系统的好坏直接影响着光谱分析的检出限、精密度和稳定性。激发系统由光源发生器和发光部件组成。其中，光源发生器是产生火花放电，使试样通过放电，从而蒸发、激发发光的装置。

　　从光电直读光谱仪的发展历程来看，激发光源的电路系统经历了两个发展阶段：第一阶段主要是采用传统的 RCL（指由电阻 R、电容 C 和电感 L 组成的电路）可调电路，不同性质的光源采用不同的 RCL 参数组合，实现不同的预燃和激发效果；第二阶段主要采用固态数字光源，通过脉宽调制（pulse width modulation，PWM）放电参数，通过放电电压和控制绝缘栅双极型晶体管（insulated gate bipolar transistor，IGBT）的开断时间，以形成不同的放电电流波形，从而实现不同材质样品的激发。

　　火花隙是光源的放电装置，为了实现不同材料的凝聚放电，火花隙的设计十分重要，放电间隙的大小、氩气吹扫的方向及压力、放电物的流向及采光窗口等因素都直接影响到光源的工作状态和信号的采集效果。氩气系统为放电提供必要的辅助条件，既保证了等离子体形成的压力条件，又可保护光学室外光路在氩气气氛下传输，防止真空紫外区（如 C、S、N、P 等）的谱线被吸收。

3.1.1 激发系统工作的物理过程

3.1.1.1 引燃机理

氩气分子在电场中通过电子碰撞电离，形成 Ar^+，进而形成主电子崩，通过空间光电离形成二次（衍生）电子崩，在电场作用下，Ar^+ 和 e^- 形成正负流注，继而发展延伸，最后击穿电极隙（火花隙）。

3.1.1.2 激发过程

引燃后的火花（或电弧），达到一定温度（4000～5000K）后，形成等离子体，此时热发射成为放电主体，并建立起阴极蒸发与凝聚、电离与原子化、激发态与基态三个动态平衡，光源达到稳定状态（一般需经过 5～10s）后，通过电路控制转为小电流放电，降低蒸发速率和等离子体温度，从而保证光源在较小的自吸效应下采集信号。

3.1.1.3 特征谱线的产生

处于激发态的原子或离子十分不稳定，大约经过 10^{-8}～10^{-9}s，便会跃迁回基态或其他较低的能级，多余的能量以光的形式辐射出来，根据爱因斯坦的光电效应方程 $\Delta E = E_2 - E_1 = h\nu$，频率 $\nu = E_2/h - E_1/h$，而波长 $\lambda = c/\nu$，每种元素的原子或离子由激发态跃迁回基态的能级是一定的，辐射出光的波长就是一定的，即谱线位置是一定的，从而产生了元素的特征谱线。

3.1.2 激发系统的设计要求

从定量分析的角度考虑，对激发系统的基本要求如下：

① 分析检出限要低，能进行微量甚至痕量元素的分析，检出限一般可达 10^{-6}～10^{-9} 数量级，因此要求激发系统具有较高的激发效率。

② 浓度灵敏度要高，即当待测元素含量 c 有微小变化时，相应的分析强

度 I 要有较大的变化，即 dI/dc 要大，这一比值与激发系统的物理过程密切相关，自吸往往造成曲线弯曲。

③ 在激发过程中，激发系统应具有良好的稳定性和再现性，这是保证分析结果准确度的基本要求。

④ 基体效应要小，试样中基体含量变化时，分析元素的结果几乎不受基体变化的影响，同时受第三元素、组织结构、试样形态和质量的影响也要小。

⑤ 预燃时间、积分时间要短，尽可能提高分析效率和分析速度。

⑥ 激发系统应尽量做到结构简单、体积小，操作便捷，安全可靠、稳定性高。

由于光谱分析样品种类繁多，形态各异，不同元素激发的难易程度也不尽相同，用一种类型的激发系统同时满足各种不同的分析任务显然是十分困难的。不同类型的激发系统有其不同的特点和适用范围，因此，应根据不同的分析目的选择不同种类的激发系统。

3.1.3　光源的分类及其特性

发射光谱分析中常用的激发系统（光源）的大致分类如图 3-3 所示。

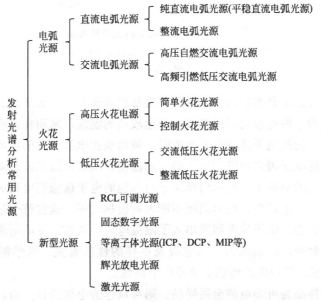

图 3-3　发射光谱分析中常用的光源

3.1.3.1 电弧光源

电弧光源是在两个电极之间加上直流或交流电，通电形成电弧放电，将电极上的分析物质进行蒸发、原子化和激发。电弧光源可分为直流电弧光源和交流电弧光源。

（1）直流电弧光源

直流电弧光源采用直流电弧发生器提供激发能量，其基本电路如图 3-4 所示。直流电弧发生器采用直流电源 E 作为输出电源，一般常用电源电压为 100～400V；电流为 5～20A；采用可变电阻 R 调节电流输出；电感 L 用于平滑电流波形，减少电流瞬变产生的干扰；G 为电弧放电间隙，一般采用纯钨或石墨电极，电极间隙通常为 2～5mm。

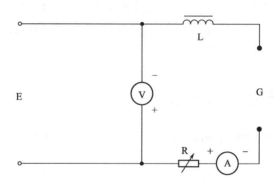

图 3-4　直流电弧发生器工作原理图

E—直流电源；V—直流电压表；A—直流安培表；R—可变电阻；

L—电感；G—分析间隙

直流电弧放电是通过两个电极瞬间接触或高压引燃来实现的。当电弧被引燃时，电流通过两电极之间的气体，产生较高的温度，从而在阴极产生热电子发射。所产生的热电子通过分析间隙时，被加载在电极两端的电场加速并涌向阳极，高速的电子轰击阳极产生了很高的温度，从而使得电极表面的样品瞬间蒸发变成游离的单原子，游离的单原子与高速的电子碰撞而电离成离子，正离子反方向运动冲击阴极，使得阴极不断发射出热电子，这样整个过程就进入雪崩式的放电状态。由于放电回路串入了限流电阻，电弧的放电电流才得以抑制和维持。这种光源的弧焰温度与电极及试样的性质有关，弧焰温度一般可达4000～7000K，所产生的谱线主要是原子谱线。

若待测样品为可导电的金属样品，则可以作为电极进行分析；若待测样品为粉末或液体状态，则需要将粉末或液体样品置于石墨杯内或石墨碳棒上进行激发。通常粉末样品作为阳极进行激发，而金属样品作为阴极进行激发。在石墨碳棒小孔内，由于石墨碳棒的热传导，电弧等离子体的热辐射，同时来自电弧的快速运动的分子、原子及离子之间剧烈碰撞等，电弧放电的热量被传入小孔中，而使其中的粉末样品受热蒸发，蒸发的气溶胶在等离子体中解离及激发。

引燃直流电弧初期，置于电极小孔中的样品粉末有时会发生喷溅现象，引起电弧等离子体的不稳定，从而影响了分析检出限及精密度，在实际过程中可以采取适当增大石墨电极孔穴，电弧引燃时上下电极靠拢的方式，使样品干热。对于含铁较高的样品中测定易挥发的元素，如 As、Pb、Sb、Hg 时，可加入一滴碱金属氯化物，以减少喷溅。使用锯口或穿有小孔电极，滴加氯化钾饱和溶液并控制电流，可以消除喷溅现象。

直流电弧的主要优点：待测样品的形态不受限制，块状、棒状、粉末甚至液体状态的样品均可用于分析；电极温度较高，蒸发量较大，检出限较低；光源受样品基体效应的影响较小。直流电弧的主要缺点：电弧游移不定，光源稳定性差，故分析精密度较差；电弧温度较低，不能激发难电离的元素；电极头温度高，对低熔点的轻金属分析较为困难；直流电弧光源对金属样品的损耗较大。直流电弧光源一般应用于矿物和难挥发样品的定性、半定量分析，以及纯金属及其合金中痕量元素的分析。

（2）交流电弧光源

交流电弧光源采用交流电弧发生器提供激发能量，依据所加的电压不同，可分为高压交流电弧光源和低压交流电弧光源。前者的工作电压一般为 2～4kV，可直接引燃电弧；后者的工作电压一般为 110～220V，由高频引弧装置引弧。交流电弧光源的工作原理见图 3-5。

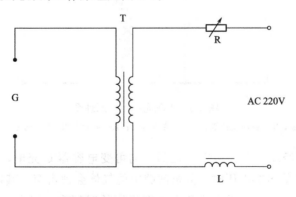

图 3-5　交流电弧光源工作原理图

G—分析间隙；T—交流变压器；R—可变电阻；L—电感

交流变压器 T 经升压器将电压升高到一定数值后，加载到分析间隙 G 上，冷阴极发射通过弧隙引燃放电，将电极中的待测元素轰击出来，转变为电弧放电。交流电弧放电的电流作正弦周期性变化，每半周期结束后，电流变小，电弧放电不能维持。当电压重新达到辉光放电击穿电压时，再引起下半周期的放电，这样循环往复，放电得以维持。与直流电弧不同，交流电弧电极的极性作周期性变化，由于每半周期重复引燃发生在阴极上的新区域，故直流电弧阴极斑点的无规则漂移能够得到抑制，使得电弧等离子体的稳定性得到一定程度的改善。

与直流电弧相比，交流电弧每半周期的强制引燃，使得放电具有间歇性质，但间歇放电的时间比火花放电短，电弧半径的扩大受到限制，电流密度较大，故其放电温度比直流电弧略高，电极温度比直流电弧低，稳定性优于直流电弧。交流电弧具有较高的放电温度，有助于难电离元素的激发，较低的电极温度则有利于低熔点轻金属样品的分析；但对于难激发的元素，其分析灵敏度低于直流电弧。从放电特性及电路结构来看，交流电弧光源是一种介于直流电弧放电与火花放电之间的一种光源。

3.1.3.2　火花光源

火花（也称电火花）光源是光电直读光谱分析中常用的激发光源之一，其工作原理不同于电弧光源。火花光源是通过直流电源对电容器充电，然后在分析间隙通过高压引燃产生放电，利用放电时释放的能量来激发样品获得光谱。火花光源的工作原理如图 3-6 所示。

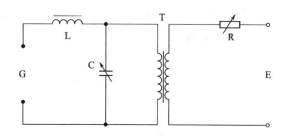

图 3-6　火花光源工作原理图

G—分析间隙；T—高压变压器；C—可变电容器；R—可变电阻；L—电感；E—直流电源

火花电源经高压变压器 T 升压后，向可变电容器 C 充电，当电容电压达到分析间隙 G 的击穿电压时，分析间隙中的气体会被击穿，其内阻急剧减小，电压迅速下降，产生低压火花放电。在很短的时间内，强大的电流脉冲通过后，放电即刻停止，电容重复充电、放电模式。随着电容 C 及电感 L 的增大，振荡频率减小，放电能量增大。火花光源的放电过程可分为击穿前阶段、击穿阶段、低压火花及后续的发光阶段。

与电弧放电不同，火花放电是一束明亮、曲折而分叉的丝，通常可以在电极间隙的任何位置中断，它一般由放电通道和等离子体焰炬两部分组成。放电通道在放电击穿阶段形成，通道内气体电离程度很高，等离子体焰炬一般是在低压放电阶段形成，是等离子体辐射发生主要区域。火花光源具有强大的电流脉冲，放电能量、密度远大于电弧光源，因此放电温度也比电弧光源高得多，电极瞬时被强烈灼热，从而使待测物质蒸发。此外，火花与待测物质作用表面积小，间歇时间远比放电时间长，因而电极的平均温度远比电弧光源低。

（1）高压火花光源

高压火花光源是由高压火花发生器提供能量，其工作原理如图 3-7 所示。电源电压 E 通过调节电阻 R 适当降压后，经变压器 T 产生 10～25kV 的高压，然后通过扼流圈 D 向电容器 C 充电。当电容器 C 的充电电压达到分析间隙 G 的击穿电压时，通过电感 L 向分析间隙 G 放电，瞬间产生具有振荡特性的火花放电。放电完成后，又重新充电、放电，反复进行。

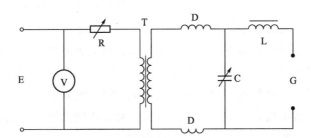

图 3-7　高压火花发生器工作原理图

E—电源电压；R—调节电阻；T—变压器；D—扼流圈；

C—电容器；G—分析间隙；L—电感

高压火花光源的优点是火花温度高，可用于难激发元素的分析；与低压火花及电弧光源相比，高压火花光源电极头温度较低，可用于细、薄、小样品及易熔合金的分析；高压火花光源对试样的破坏性较小，可用于成品及半成品的分析。高压火花光源的缺点是灵敏度不高，通常不适用于微量元素的检测，在紫外波段光谱背景较明显，进而影响了特征谱线在紫外波段的检测能力。

（2）低压火花光源

低压火花光源不同于高压火花光源，它不能自行放电，而是需要一个点火电路，低压火花光源由充电回路、放电回路及点火回路三部分组成，低压火花电路原理如图 3-8 所示。

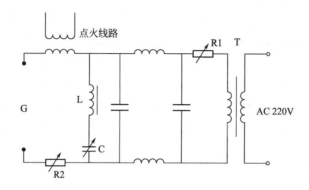

图 3-8　低压火花电路原理图

T—变压器；R1，R2—调节电阻；C—电容器；G—分析间隙；L—电感

图中 C 为低压大容量电容器，放电回路在高压点火回路的激活下进行放电，一般可用特斯拉点火线圈或耦合变压器将点火信号加于其上。放电所需要的能量主要来自于低压大容量电容器，放电特性依赖于电阻 R、电容 C、电感 L、分析间隙 G 及低压火花起始的电容电压 V_c 等参数。改变 R、C、L 及 V_c 就可以改变放电类型，得到不同性质的放电，使其具有不同的峰值电流和放电持续时间，从而改变激发光源的性能，使其由短周期的类火花振荡放电过渡至长周期的不规则类弧放电。对于过阻尼放电，增大电阻 R，延长放电时间，降低峰值电流，放电将具有电弧放电的性质；对于不同周期性的阻尼放电，增大电阻 R，缩短放电时间，则为典型的火花放电。

低压火花光源的主要优点：①等离子体中的气态分析物粒子数量相对较小，自吸效应不明显，线性分析范围较宽，可用于高含量样品的分析；②分析数据精密度较高，其短期精密度（相对标准偏差）可达 1‰ 左右；③激发温度较高，激发及离子化能力强，可用于难激发的非金属元素（如 O、N、P 及 H 等元素）的分析；④样品可以固态或液态的形式导入，样品消耗量较小，非常适合于贵金属样品的分析。此外，低压火花光源的设备较为简单，运转费用较低。

火花光源的主要缺点：①光源中出现的空气谱带，和电子-离子复合而产生背景，对分析谱线造成光谱干扰；②电极温度较低，蒸发能力较差，灵敏度不如电弧光源；③样品的化学组成及组织结构对分析结果有较为显著的影响。

3.1.3.3　新型光源

（1）RCL可调光源

早期，光电直读光谱仪的激发光源普遍采用RCL可调光源，该光源主要由交流稳压电源、整流电路、晶闸管开关电路、RCL调节电路和点火电路组成。由于交流稳压电源和RCL器件体积较大，所以光源整体体积很大。光源内部通过调节继电器或晶闸管的RCL参数，来改变不同的激发条件，基本可以实现火花、类电弧等放电模式，从而实现低熔点、高熔点、高激发电位和低激发电位元素的分析。该光源的激发条件受制于RCL的组合参数（一般会有2～5个参数组合），激发条件较为有限，若想获得更多的激发条件，则需要更多的开关器件和RCL器件，从而导致光源整体体积更加庞大。

RCL可调光源的工作原理如图3-9所示。

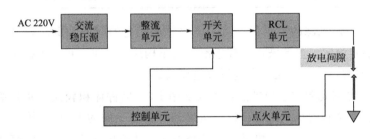

图 3-9　RCL可调光源工作原理图

交流稳压电源通过稳压后输出稳定的AC 220V，通过整流单元整流后输出DC 230V，由控制单元控制开关单元，将不同RCL参数接入放电回路，通过接入电感可以改变电容的充电电压V，通过接入不同电容C实现不同能量的储存，该电容储存能量与充电电压和电容有关。点火单元在引燃放电间隙瞬间，储存电容中的能量通过接入RCL电路释放到电极与样品的间隙，瞬间实现样品的熔融、气化和电离。该放电工作是周期进行的，一般放电频率为150～600Hz。单次火花放电的特性主要是由放电回路中接入的RCL参数决定的，单次放电能量是由电容和充电电感决定的，放电电流和放电时间是由电容、放电电阻和电感决定的。若想获得高能电火花，可以将电容电压充到更高，并选择较小的放电电阻和电感，这样放电时间较短，放电电流更趋于火花特性。若想获得类电弧，可以将电容电压充到更高，并选择较大的放电电阻和电感，这样放电时间较长，放电电流更趋于电弧特性。

RCL可调光源的主要技术特点：①该光源基于晶闸管与继电器组成开关网络，可以接入不同的RCL参数，结构简单，激发参数受制于RCL网络；

②单次火花放电能量是由充放电容 C 决定的,放电电流波形是由接入 RCL 参数决定的;③电容充电电压较低,一般为 $200\sim1000\mathrm{V}$,无法自主引燃激发放电,需要点火单元进行点火引燃。

其主要技术参数如表 3-1 所示。

表 3-1 RCL 光源主要技术参数

电源电压	AC $220\pm22\mathrm{V}$
电容	$2.2\sim10\mu\mathrm{F}$
电感	$30\sim300\mu\mathrm{H}$
电阻	$1\sim15\Omega$
最大电流	200A
放电时间	$10\sim300\mu\mathrm{s}$
放电频率	$150\sim600\mathrm{Hz}$

RCL 可调光源的主要优点:①电容单次充电的时间和电压是可控的,单次放电能量稳定,电流波形比较平滑;②结构原理简单,可以根据实际需求配置 RCL 参数,实现火花与类电弧放电模式。

RCL 可调光源的主要缺点:①大功率 RCL 器件体积较大,光源整体体积大,不利于仪器的小型化设计;②激发条件需要不同的 RCL 参数与开关电路实现,激发条件较少,主要是火花和类电弧;③放电回路中有电阻存在,有功率损耗,效率较低,发热严重。

(2) 固态数字光源

随着光谱分析技术的发展,激发光源技术也得到了快速的发展,近年来出现了一种全新的激发光源——固态数字光源。该光源通过采用半导体开关技术和脉宽调制(pulse width modulation,PWM)技术,可以根据样品材质的不同建立多种优化的电流波形函数,几乎能够适用于所有的金属材质。通过计算机对放电参数进行灵活配置,从而实现高能火花、普通火花、类电弧与电弧等多种放电形式的灵活组合。该光源是一款集多种放电形式于一体的全固态数字化光源,可以分局分析材质的不同灵活选择激发参数,从而实现不同类型样品的分析。该光源具有体积小、重量轻、噪声低、可靠性和稳定性较高等优点。

固态数字光源的结构原理如图 3-10 所示。

固态数字光源主要由整流单元、逆变单元、电流检测单元、点火单元与控制单元等组成,整流单元将输入 AC 220V 整流成 DC 230V 输出,通过逆变单元逆变成交流,并实现与 AC 220V 电气隔离,再通过整流单元输出直流,电流检测单元检测放电回路电流,将电流信号传输给控制单元。控制单元通过内

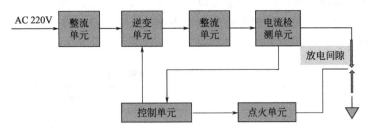

图 3-10　固态数字光源结构原理图

部 PWM 模块控制半导体开关的导通时间，点火单元在引燃放电间隙时刻，逆变单元产生电流形成放电通路，将能量释放到电极与样品的间隙，瞬间实现样品熔融、气化和电离。单次放电能量是由放电电流和放电时间决定的，而放电电流和放电时间是通过控制单元进行控制。若想获得高能电火花，可以通过 PWM 控制占空比来实现，占空比较大时，短时间内电流可以达到最大值，同时控制放电时间较短，放电电流更趋于火花特性。若想获得类电弧，可以在一段时间内控制 PWM 占空比较小，这样放电时间较长，放电电流更趋于类电弧特性，也可以较小的 PWM 占空比维持一定电流大小的持续放电，放电模式实现电弧特性。火花与类电弧放电电流波形如图 3-11 所示。

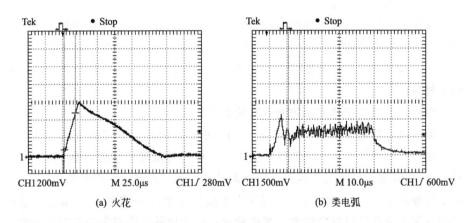

(a) 火花　　　　　　　　　　　　(b) 类电弧

图 3-11　火花与类电弧放电电流波形

Tek 为示波器 Tektronix 的缩写；CH1 为 Channel 1 的缩写，表示使用示波器 1 号采集通道；
M 为 Meter 的缩写，表示测量；Stop 表示示波器目前为暂停状态。

固态数字光源的技术特点：①采用固态的开关器件和整流器件，通过 PWM 技术实现设定电流输出，电流大小可以通过占空比进行灵活调节，实现任意电流波形放电；②单次放电可以实现火花与类电弧放电模式，单次放电能量与放电时间可以灵活控制，也可以实现持续放电的电弧模式；③采用电流控制模式，无法通过间隙实现自持放电，需要点火单元进行点火引燃。其主要技术参数如表 3-2 所示。

表 3-2　固态数字光源主要技术参数

放电电流	200A,波形灵活设置
放电脉冲	μs 级 PWM 控制
单次放电脉冲	$10\sim10000\mu s$ 可调
放电频率	$100\sim1000Hz$ 可调

固态数字光源的主要优点有：①采用半导体开关技术和 PWM 调制技术，结构紧凑、体积较小，适合于仪器小型化；②通过电流反馈控制电流大小，实现各种电流波形放电，可以灵活控制电流波形，实现各种激发模式；③单次激发中，可以实现火花与电弧的组合，配合时间分辨光谱分析技术，实现不同元素的时间分辨分析。

固态数字光源的主要缺点：输出大电流需要通过 PWM 实现更大占空比，对开关器件和变压器要求较高，且发热较为严重，难以实现更高电流输出。

（3）等离子体光源

近年来，等离子体光源的发展越来越成熟，已成为发射光谱分析中一类重要的光源。等离子体光源主要有三种类型，即电感耦合等离子体（ICP）、直流等离子体（DCP）以及微波感生等离子体（MIP），其中 ICP 光源的研究和应用最为广泛。

电感耦合等离子体光源与光电直读光谱仪的光学系统、测光系统联用就组成了电感耦合等离子体发射光谱仪（ICP-OES）。电感耦合等离子体光源在高频电磁场的作用下，线圈内的环状涡流区有很高的温度（往往可达 10000K 甚至更高）。其主要技术特点包括：①中间通道中通过的样品溶液受热而原子化，原子在等离子体中停留时间较长（取决于载气流速），一般可达几毫秒；②样品中待测元在惰性气氛中激发，光谱背景小；③样品气溶胶集中在中央通道的细小区域，自吸效应及组分影响较小；④线性动态范围宽（一般达 4～6 个数量级）；⑤谱线信号强度大，尤其是离子谱线（比正常条件下的离子线强度要高出 1～3 个数量级）。ICP 光源可测的元素多，检出限可达 10^{-9} 级甚至更低，测定精密度通常在 1% 以内。由于样品是通过等离子体的中心，激发温度较高，可得到高效的激发，所以 ICP 分析法一般不易受基体效应的影响。

电感耦合等离子体光源要求液体进样，各类样品需通过一定的前处理手段制备成溶液状态，需要的标准样品可以通过人工方便、自由地配制合成。ICP光源广泛应用于冶金化工、地质、机械制造、环境保护、生物医学、食品等领域，可实现高含量、常量、微量甚至痕量元素的同时测定。

（4）辉光光源

辉光是在低气压下的气体放电现象，辉光放电可分为直流辉光放电和射频辉光放电。发射光谱分析中常用的辉光光源有空心阴极放电光源和格里姆（Grimm）辉光放电光源两种，均属于直流辉光放电。

空心阴极辉光放电光源是一种将阴极制成圆筒状的低压气体辉光放电光源，按其冷却与否分为冷空心阴极光源和热空心阴极光源两种。在发射光谱分析中，热空心阴极辉光放电光源常用来测定痕量、易挥发、难激发的元素，冷空心阴极辉光放电光源则通常用于同位素的分析。

而格里姆辉光放电光源需将表面磨平的平板状试样与阴极紧贴，共同成为一个环形阴极，阳极部分的前端制成圆筒状，伸入环形阴极内，阳极的另一端用石英片封口。这种光源最主要的优点是基体效应小，适用于试样的表面和逐层分析，也可对高含量试样的主体进行准确的分析测定。

辉光放电光源不仅可用作原子发射光谱的激发光源，也可用于原子吸收和原子荧光的原子化器及质谱仪的离子化光源。此类光源因具有较高的稳定性，且能直接用于固体样品的成分分析和逐层分析而受到重视。

近年来，辉光放电分析技术有了较大的发展，特别是射频辉光放电光源的出现，大大降低了分析检出限。射频辉光放电光源不仅可以分析金属块状样品，也可以分析半导体、玻璃和陶瓷材料等。与火花光源相比，大多数元素的检出限低 2 个数量级左右，基体效应也比火花光源小。

（5）激光光源

激光是一种亮度高、单色性好、能量高度集中，且具有方向性的光源。当激光光束照射到分析样品表面时，能量被样品表面所吸收，物质分子发生振动变热并将热量传入样品内部，光斑处的温度骤升至 10000K 以上，物质发生熔融、蒸发、原子化并激发，发射出特征光谱。激光激发的光斑直径通常只有 $10\sim300\mu m$，因此可用于微区分析。

激光显微光源是由激光器与光学显微镜组成的激光激发光源，可用于一般的发射光谱分析，通常把这种发射光谱仪器称为激光显微发射光谱仪（LMES），俗称激光探针。与电子探针和离子探针相比，激光探针具有费用低廉、装置简单、操作维修方便等优点，主要用于微区分析。

当高强度的脉冲激光被聚焦到物质上时，它所产生的辐射强度超过物质的解离阈值就会在局部产生等离子体，称作激光诱导等离子体。用光谱仪直接收集样品表面等离子体产生的发射光谱信号，并根据发射光谱的强度进行定量分析的方法，称为激光诱导击穿光谱法（laser-induced breakdown spectroscopy，LIBS）。

LIBS 发射光谱的形成过程可分为三个步骤：

① 高能量的激光加热并蒸发少量的样品，由于多光子电离与样品表面热量散发使部分电子获得能量，发生电离产生等离子体。

② 韧致辐射与电离-离子复合导致宽带发射，主要为等离子体中各元素的电离线形成的连续背景谱线，该过程一般需几百纳秒。

③ 形成等离子体中各元素的原子发射谱线强度与元素浓度成正比。该过程通常持续几微秒，是进行元素定量分析的重要环节。

与传统的光谱分析手段相比较，LIBS 的优势为：

① 分析简便、快速，无需烦琐的样品前处理过程。

② 可以实现远距离分析测量，是目前光谱分析中唯一可用于远距离测量的光源。

③ 可分析导体、非导体材料以及难熔材料。

④ 可测定固态、液态和气态样品。

⑤ LIBS 具有高灵敏度与高空间分辨率的特点，可进行原位微区分析。

⑥ 可进行样品的痕量分析，并且可在高温、恶劣环境下进行远程分析。

⑦ 对样品尺寸、形状及物理性质没有严格要求，可分析形状不规则的样品。

LIBS 具有样品损耗小、灵敏度高等优点，它不仅可以提供微观的物质结构、化学成分及其变化等信息，而且适合于各种形态、尺寸的样品，是目前极为活跃也是很有发展前景的研究领域。

目前 LIBS 最大缺点的是稳定性较差，其精密度介于半定量分析和定量分析之间，因此至今尚未大范围推广，但随着激光技术的发展，光学分析方法也在不断地完善，此类仪器必将得到进一步的发展。

3.1.4 光源的选择

由于光源的种类很多，其工作条件也可进行选择，因此难以严格划分各种光源的适用范围，只能通过大量的光谱分析实践总结积累经验，合理地选用光源。一般来说，选择光源时，要从样品的特性、分析元素的特性与含量、分析速度以及分析任务的要求等方面加以统筹考虑。

从样品的特性来考虑，粉末样品常用电弧光源激发，也可用空心阴极光源和等离子体光源。因火花光源易使粉末样品从电极内溅射出来，故一般不用火花光源；金属样品一般采用火花光源；液态样品过去常通过火焰将样品引入分析间隙，以电弧放电激发，目前多采用电感耦合等离子体光源；金属夹杂物和矿物微粒的微区分析宜采用激光光源；气体样品可采用空心阴极光源或特殊电极的电弧光源。

从分析元素的特征来考虑，主要取决于元素挥发及激发的难易程度。难挥发的元素可使用蒸发能力强的直流电弧。一般由元素的电离电位可粗略地估算出该元素激发的难易程度，电离电位低的元素，如碱金属、碱土金属采用激发能力较低的光源就可激发，最好采用火焰光源或电弧光源激发；电离电位较高的元素，如 C、P、S 及卤族元素，需采用激发能力较强的火花光源、空心阴极光源或等离子体光源才能激发。

从分析元素的含量来考虑，样品中待测元素含量低时，要求光源的检出限较低，对于痕量元素分析，为提高灵敏度，宜采用电弧光源，最好是直流电弧光源；电弧光源也难以激发的样品，可采用灵敏度更高的空心阴极光源；对于高含量元素的测定，通常采用火花光源。

从分析速度来考虑，一般火花光源的预燃和曝光时间比电弧光源长，因此电弧光源的分析速度更快。但对于块状或棒状可直接用作电极的金属样品，使用火花光源样品制备过程更简便快速。若将样品制成溶液后，则采用电感耦合等离子体光源进行分析，测量更为便捷快速。

从分析任务的性质考虑，定性分析对光源的稳定性要求不高，而要求光源具有较高的检测能力，一般采用电弧光源，最好是直流电弧光源；定量分析要求准确度高，光源稳定性好，一般采用火花光源、交流电弧光源或电感耦合等离子体光源。

常用光源的性能比较见表 3-3。

表 3-3　常见光源性能比较

光源	电极温度	激发温度/K	稳定性	灵敏度	应用范围
火焰	高	2000～3000	差	低	碱金属、碱土金属
直流电弧	高	4000～7000	差	高	矿物、难挥发元素
交流电弧	中等	4000～7000	较好	高	定量、合金低含量
电火花	较低	10000	好	中	难激发元素、中高含量
等离子体	很高	4000～7000	很好	高	大多数元素测定
辉光光源	低	4000	较好	高	固体样品
激光光源	很高	10000	很好	很高	微区、不导电试样

3.1.5　发光部件

激发系统除光源发生器外,还包括发光部件。发光部件是指被分析样品激发并发光的部分,由火花室(电极架部分)、样品电极和对电极组成。

火花室与光室连接,有一电极架用于装载块状样品、棒状样品和对电极。火花室的供气系统能置换分析间隙和聚焦透镜之间的空气,并为分析间隙提供所需的气体气氛。样品电极和对电极作为一对电极使用,通过工作气体的离子击穿导电使样品激发发光。

(1)电极架

电极架一般用固体块状样品为上电极,纯金属(一般用纯钨等)作下电极,由于光源为单向放电,因此原则上下电极应不受损失。

电极架为封闭式,主要由样品台和高压陶瓷套装零件黏合成火花台。上面有金属盖板承载样品,陶瓷套内装置电极,陶瓷套便成为两个放电电极的绝缘体。为了保证操作安全,样品接负极,与大地等电位,而对电极接正极。火花台通过一个绝缘板将金属支架和分光室连接,火花台与分光室间装有一个聚光透镜,成为分光室与电极架的分界,既增强了对入射狭缝的照明,又阻止了空气、氩气泄漏到分光室。一般聚光透镜可以直接抽出,便于清理。

(2)控制气氛

在光电直读光谱分析法中,电极架激发区域充入氩气,使样品在控制气氛下激发。在使用氩气控制气氛后,试样的激发在惰性气体保护下进行,可以减少合金元素对氧亲和力作用的影响,同时还可以驱尽试样激发时释放出的氧、氮和水分子气体,使光谱强度更加稳定。另外,在氩气的气氛下激发,电离也比较容易,对提高离子线的强度更加有利。

控制分析间隙气氛的气体可以用氩气或混合气体。在真空型火花放电原子发射光谱中,样品的放电发光通常在高纯氩气流中进行。由于氩气中可能存在的氧、碳氢化合物和水分等,会影响测量结果,因此,应使用杂质气体含量尽可能少的高纯氩气,保证氩气的纯度不小于99.996%,且火花室内氩气的压力和流量应保持恒定,若纯度不够将有可能导致:①校正系数超出要求范围,标准化系数偏高;②激发光源不激发甚至跳闸;③激发时扩散放电,激发斑点成白色,谱线强度降低,样品表面无侵蚀,致使分析结果不准确;④分析数据不稳定,特别是分析波长较低的元素如 C、P、S,以及一些高合金铸件、铸铝、铸铁、纯合金等。

样品激发时，需要在氩气氛中进行，这对电极架的结构设计有严格的要求。在预冲洗过程中，要把激发室内的空气排尽；在预燃和积分时间内，把蒸发出来的金属蒸气通过出口通道排出仪器外，还要获得稳定的光谱线强度，并使耗氩量最少。因此要求供氩系统能够提供稳定的氩气压力和流量，减少空气对氩气管道以及金属蒸气对透镜的污染。

氩气火花能够起到防止试样表面氧化、提高信背比、稳定火花放电状态等作用。氩气不仅能够保证激发谱线不受氧气吸收的影响，而且它在某种程度上参与放电作用，氩的相对原子质量比氮气的相对原子质量大，所以它在冲击时给予激发试样粒子的能量也较大，可直接增加谱线强度。

另外，氩气的纯度和流量、光源的参数、试样中一些元素的含量高低等都是产生不同放电形式的原因。如样品表面有气孔、杂质、油污或者残余水分会引起扩散放电；氩气纯度不够或未经氩气净化处理也容易产生扩散放电；浇铸状态的钢样比锻轧状态的钢样更容易引起扩散放电；样品中容易氧化的元素，如 C、Si、Al、Cr 等含量较高时，易生成稳定的化合物，往往也会导致扩散放电；引起扩散放电的另一个原因是含有一定数量的氧。

氩气的流量和压力决定氩气对放电表面的冲击力，因此必须适当。若冲击能力低，则不足以将试样激发过程中产生的氧和其他方式形成的氧化物冲掉，这些氧化物必定凝集在样品表面及电极上，抑制试样的继续蒸发，这种现象愈靠近中心区域愈严重。只有当氩气的冲击能力足以洗除氧和电极上的凝集物，又不至于使火花产生跳动时，才是最佳状态。

氩气不纯，氧含量过高，则凝集在电极上的氧化物增多，谱线强度降低，使氩火花放电不稳定。水蒸气和 CO_2 一样，在高温下可能分解出氧气，因此水蒸气和 CO_2 含量均不允许过大。并且 CO_2 过多，对含碳量较低的试样的分析精度有直接影响。

氩气气路设计时有一路从聚光透镜前面的下方进入火花室，这样就能比较彻底地冲净谱线通过外空间的空气，又可以阻止激发时产生的粉尘对聚光透镜产生的污染。

氩气流量分配为：

① 惰性流量（待机状态）为 0.5L/min，此时电磁阀门关闭，氩气经过固定气流控制阀保持其恒定值。

② 大流量冲洗，其目的是排出更换样品时带进的空气，此时电磁阀全开，保持流量为 5～6L/min。

③ 激发状态时中间路电磁阀关闭，另一路与常流量合成3～5L/min流量，维持正常激发，当激发停止，两阀关闭，又进入待机状态。

3.1.6　光源常见故障的处理

（1）光源不激发

造成光源不激发的因素有很多，大多由以下原因引起：

① 光源故障，通常是电路故障。电路部分主要分为三个单元，即控制单元、能量输出单元和保护单元。控制单元出现问题可通过对照控制时序查找，比较容易解决；能量输出单元出现问题，可以通过测量电容、电感、电阻的标称值来初步判断其工作状态，再通过专门的测试工具进行甄别，逐步查找可能的原因；保护单元一般设计为过压、过流和接地三种保护形式。过压一般为可恢复性保护，过流为一次性保护，接地为常态化保护。激发光源为大电流放电，接地释放电荷通道一定要保持畅通，保护电路工作都能检测或观察到，相对较容易处理。

② 放电条件异常。需检查以下几部分：检查氩气的纯度，氩气纯度低于99.9％会造成光源不激发或听到异常的"嗞嗞……"断续放电声；检查火花腔氩气压力、流量是否正常，检查废氩排放通道是否畅通；检查电极与试样之间的电压过低无法引燃火花隙，排除光源电路故障后，应检查极距（电极与试样间的距离）是否合适；检查电极架是否与大地相通，是否与试样紧密接触；熔点较低的金属、轻金属，因其放电参数设置不正确，而导致放电中止，此时放电通道电流过大，应检查光源参数，并重新进行设置。

③ 放电干扰造成测光系统控制信号异常，光源不激发或激发中止。遇此现象应首先排除新仪器是否存在制造缺陷，其次考虑接地问题，若接地电阻过大，应重新安装地线或调整共地点。

（2）扩散放电

扩散放电的表现为激发斑点呈灰色或白色，样品表面侵蚀较轻，谱线强度较低，分析结果不稳定。光源的稳定性与氩气的流量、压力、纯度等因素有关。在纯度不同的氩气气氛中激发时，产生的激发斑痕不同，产生两种不同的放电形式，即凝聚放电和扩散放电。氩气供给正常时激发呈凝聚放电，样品激发斑痕周围有黑色放电痕，中间有明显的放电侵蚀，并呈现银白色金属光泽；氩气供给不正常时往往会产生扩散放电现象。这两种放电形式的特性对比见表3-4。

表 3-4　凝聚放电和扩散放电的对比

项目	凝聚放电特性	扩散放电特性
火花颜色	明亮、蓝色	黄褐色
放电声音	清脆	嘶嘶刺耳
斑痕	中心呈麻点,外圈呈黑褐色	中心与外界没有分界,呈白色
电极状况	黑色,损耗少	灰色,有损耗
预燃曲线	规则	不规则
预燃时间	稳定且短	不稳定且长
积分时间	稳定且短	不稳定且长
分析结果	准确度高	准确度低

这两种放电形式在间隙中释放出的能量是不同的,凝聚放电形式在阴极处的放电电流密度大,放电集中在样品的较小面积上,样品蒸发较充分;而扩散放电时,样品的蒸发不充分。以上两种放电所得分析结果差别很大,扩散放电得到的分析数据应舍弃,凝聚放电才有可能得到准确的分析结果。

引起扩散放电的主要原因有以下几点:①氩气纯度不够,不同材料对氩气纯度的要求也不一样,一般低中合金钢、纯铝、低合金铝、铅黄铜等金属及其合金样品对氩气纯度要求不高,达到 99.94% 以上即可进行分析,而铸铁、纯铜、青铜、高硅铝等金属及合金的分析对氩气要求纯度较高,一般至少要求达到 99.99% 以上。②试样表面有缺陷或污染时,如样品表面有气孔、杂质、油污或者残余水分,易引起扩散放电现象。③分析样品本身结构的影响,不同组织结构的样品应选择不同的光源参数,浇铸状态的钢样比锻轧状态的钢样更容易引起扩散放电,光源参数须经过预燃曲线试验后确定;光滑的平面往往难以形成放电通道,易形成扩散放电;样品中易氧化的元素(如 C、Si、B 等)含量较高时,易生成稳定的化合物,往往也会导致扩散放电现象。

(3)分析数据不稳定

分析数据不稳定的原因往往出在激发系统,数据不稳定的主要因素有:①分析样品的光源参数设定不当　一般难熔金属及其合金应采用低频大电流预燃,中频小电流采集数据;易熔金属采用中频较小电流预燃,高频小电流采集数据;特殊元素分析采用特殊参数,如钢铁样品中的 Pb、Sn、As、Sb、Bi 等元素的特征谱线极不灵敏,需要设定特殊的放电参数,即类电弧放电,采用大电阻、大电感、大电容放电,以提高光源的激发能力。②光源故障　并联电容故障、RCL 电路中限流电阻异常等因素往往会造成数据的不稳定。通过观察激发斑点的形态可以粗略判定，通过对 RCL 器件的测量可以得到准确的判定。③日常维护不到位　光源的激发腔体要定期清理，避免积碳太多导致数据的波动；电极松动、不尖锐也会造成放电不稳定；废氩排气出口阻塞，导致排气阻力发生改变，亦导致激发腔内压力变化，进而影响光源激发的稳定性，造成数据的波动。

3.2　光学系统

光学系统是光电直读光谱仪的核心部分，其作用是将被激发样品发射出的不同波长的复合光进行色散变成单色光。光学系统一般置于光谱仪内部的恒温环境中，以保证其稳定性。光学系统的主要组成部分包括聚光透镜、入射狭缝系统、分光元件和出射狭缝系统。由于空气中的 O_2、H_2O 等对真空紫外区的谱线吸收严重，为保证波长 200nm 以下的光也能够采集到较强的谱线信号，往往还需要加真空系统或惰性气体保护系统。光学系统结构的设计和材料的选择对光谱仪器有着重要的影响，是影响仪器长期稳定性的关键因素。

3.2.1　罗兰光学系统

目前在售的光谱仪大多采用罗兰光学系统。以固定通道型光电直读光谱仪为例，罗兰光学系统是由光源发出的复合光经准直透镜后通过入射狭缝直接照射在光栅上，经衍射后的单色光通过出射狭缝照射在光电倍增管上。通常在光电倍增管与出射狭缝间可加装一面反射镜，有利于光电倍增管的排布，也可在出射狭缝前加装一个折射片，以改变出射光的角度，用于寻找分析线。罗兰光学系统结构如图 3-12 所示。

罗兰光学系统由入射透镜、入射狭缝、衍射光栅和出射狭缝四个部分组成，下面对各部分的功能和关键部件进行详细介绍。

3.2.1.1　入射透镜

入射透镜是把光源发出的复合光聚焦到入射狭缝或光栅上（两种设计方法）的装置，所选透镜材质取决于谱线的波长范围：涵盖紫外线部分应使用石英透镜，可见光区域则使用熔石英或 K9 玻璃透镜，分析短波元素（如 C、N、O、S 等）应使用氟化镁透镜。聚焦透镜一般采用单透镜成像法，即在入射

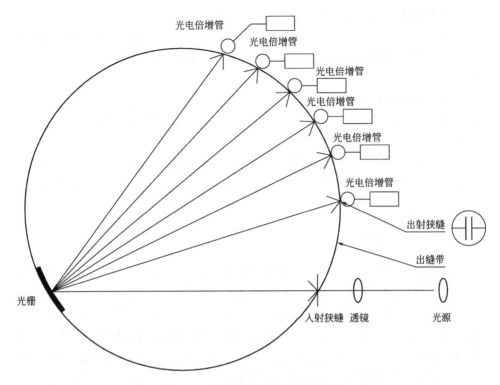

图 3-12　罗兰光学系统结构示意图

狭缝前放置一个聚光透镜，使光源的光聚集起来，均匀照射于入射狭缝中。透镜安装在聚光镜架上，把光室和电极架分开，样品激发后发出的混合光通过透镜聚光（兼具密闭分光室的作用）后照入狭缝，起到了增强狭缝照明的作用。

　　根据分析的样品及元素含量下限不同，透镜的配置会存在一定的差异。不同仪器在解决 C、N、S 等短波元素方面的策略也不尽相同。例如东仪 DF-200 仪器，用户要分析钢铁中超低含量的 C 元素时，其配置的透镜必须表面含有镀膜，称为"增透膜"；分析超低含量的 N 元素或高纯铜产品中的 O 元素时，透镜材料需选择氟化镁，同时采用高真空系统。

3.2.1.2　入射狭缝系统

　　入射狭缝系统由入射狭缝和调节其位置的装置组成。入射狭缝一般采用金属切缝，宽度为 $10\sim30\mu m$，主要依据光学系统的分辨能力和采样部件的结构来选择。设计时入射狭缝可在罗兰圆入射点的切线方向上 $10\sim15mm$ 的范围内往复移动，狭缝的移动须有相应的读数机构。入射狭缝在罗兰圆的切线方向上的往复运动，可实现谱线对出射狭缝相对位置的扫描。

入射狭缝的另一个功能是光学校准。光栅出射的谱线位置首先要经过移动入射狭缝来对比识别，因此作为一种精密的光学部件，其加工调试工艺异常关键。

光谱仪上使用的入射狭缝通常为直狭缝，少数使用弯狭缝，所谓弯狭缝就是两刀口不是直的，而是弯的（一般为圆弧弯形），这种设计的目的是用以补偿由光栅产生的谱线弯曲和光栅的像散。

从成像关系上看，光谱线是入射狭缝的单色像，从光能量传递的关系上看，入射狭缝是限制光能量的有效光栏。入射狭缝的质量与谱线质量有直接的关系，因此，狭缝刀口的几何形状必须符合设计标准。

3.2.1.3 衍射光栅

光栅是由大量等宽等间距的平行狭缝构成的光学器件，它是利用光的衍射现象进行色散的一种光学元件，故又称衍射光栅。它是一块平面（或凹面）玻璃，或在其他材料上蒸镀铝层，可由大量相互平行、等宽、等距（凹面按弦等距）的刻痕制成（相邻刻痕间的距离约与光的波长数量级相同）。衍射光栅的作用，是将光源发出的具有各种波长（或频率）的辐射能（复合光）分解，按波长顺序进行空间排列，以获得光源激发物中各元素的线状光谱，从而达到多元素同时测定的目的。其为光谱仪核心的关键部件，在本节将重点介绍。

（1）光栅分类

常用的衍射光栅种类很多，特性繁杂，基于不同的特性分类，可以将现有的衍射光栅进行如下分类。

按照光栅基片的不同类型可以分为平面光栅和凹面光栅，凹面光栅因为兼具分光和聚焦作用，在市场上用途更加广泛。

按照光栅使用用途可以分为光谱光栅、计量光栅和偏振光栅等。其中，光谱光栅主要是利用光栅的分光作用对复色光进行色散，以进行光谱分析、波长测量等；计量光栅主要用于长度和角度的精密测量；偏振光栅可以达到偏振效果。

按照光栅槽型不同可以分为正弦型光栅、矩形光栅和闪耀光栅。其中闪耀光栅可以使衍射的大部分光能量由原先的零级主极大转移到我们所需的级次上，通过改变光栅刻槽的几何形状来达到，所以闪耀光栅也称为锯齿光栅或者阶梯光栅。

按照工作原理可以分为透射光栅和反射光栅。其中透射光栅是将栅线刻制在透明材料上，当光线通过光栅后，经由栅线调节振幅，出现明暗相间条纹；

反射光栅是在已经形成栅线条纹的基底上镀上高反射率的金属膜，但光线照射光栅时，产生反射色散效果。其中应用较多的为反射光栅。

按照不同的光栅制作方法可以分为刻划光栅、全息光栅和复制光栅。其中刻划光栅为刻划机在光栅基底上刻划栅线做成，成本高，同时会伴随鬼线的产生，影响最终衍射效果，所以现在应用并不广泛；全息光栅是利用光波干涉效果形成具有光栅栅线效果的掩膜，然后通过离子刻蚀将掩膜图形转移到基底中制作而成。形成过程没有鬼线、伴线的产生，同时可以生产光栅常数较小的光栅；复制光栅工艺相比于以上两种都大为简单，可以大大提高生产效率，所以其应用也最为广泛，但同时其生产光栅的质量的好坏取决于母光栅的质量。

（2）装配调试工艺

光栅是光谱仪的核心元器件，它的装配与调试精度非常重要。装配过程要求机械零件的刚度要尽量高、零件必须要有足够强度的连接。下面以罗兰光栅为例着重讲解光栅调试过程中需要重点调试光栅的几个维度的姿态。

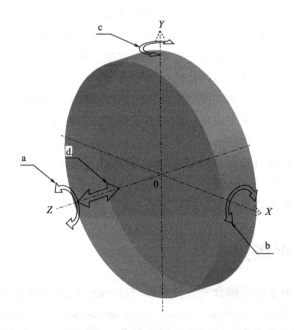

图 3-13　罗兰光栅调试维度

① 光栅栅线方向与水平面的垂直度的调节：即图 3-13 中 a 所示光栅沿光栅法线（即 Z 轴）进行旋转调试，调试过程中不断采集光谱线的谱图，当谱图左右对称性很好时就确认为光栅栅线与水平面垂直。

② 光栅俯仰角的调节：即图 3-13 中 b 所示，光栅沿坐标系 X 轴进行旋转来调节光谱成像中心高度与探测器中心高度相一致。

③ 光栅法线与入射角的调节：即图 3-13 中 c 所示，光栅沿坐标系 Y 轴进行旋转调节，让某一波长的特征谱线与理论位置相重合即法线及入射角度与理论位置相符。

④ 光栅焦距的调节：即图 3-13 中 d 所示，罗兰光栅是有焦距的，机械安装位置及光栅固有焦距都存在误差，调试过程中沿光栅法线方向前后移动光栅，同时采集光谱峰，当光谱峰宽度达到最小峰值最高的时候即为焦距最佳位置点。

3.2.1.4　出射狭缝系统

出射狭缝系统一般是由出射狭缝、反射镜和石英折射片组成。出射狭缝一般具有固定的宽度，通常是根据干扰线对分析线的影响程度，来确定出射狭缝的宽度。

分光系统中出射狭缝是安装在罗兰圆轨道上的，它的位置在未确定之前是可以任意移动的。仪器出厂前已将它和所选用的分析线对准，并且牢固地紧固在罗兰圆轨道上，一般情况下不需要进行调整。对应每个出射狭缝位置安装一个光电倍增管，将光强信号转换成电流信号。

出射狭缝是用于分离不同波长的谱线所使用的长方形孔，出射狭缝和谱线的相对位置对分析结果是很重要的。为了保证分析结果的准确性，要求谱线中心的峰值位置与出射狭缝的几何中心位置相重合。温度的变化会引起光栅以及光路系统的膨胀或收缩，导致仪器谱线漂移或色散率发生改变，色散率的变化，引起谱线偏离出射狭缝。因此，保证光学系统在一个恒温恒湿的使用环境中工作，对仪器的稳定性及准确性尤为重要。

3.2.2　平场光学系统

近年来，由于电荷耦合器件传感器（charge coupled device，CCD）、互补金属氧化物半导体（complementary metal oxide semiconductor，CMOS）等平面接收元件在光谱仪中的大量使用，部分仪器厂家推出了平场光学系统，其组成结构如图 3-14 所示。

平场光学系统由入射透镜、入射狭缝、衍射光栅、出射定位装置组成，不同于罗兰光栅系统，它的入射狭缝和出射狭缝不在同一个圆周上。自入射狭缝到光栅的距离叫入射臂，自光栅到出射狭缝的焦平面的距离叫出射臂，入射臂

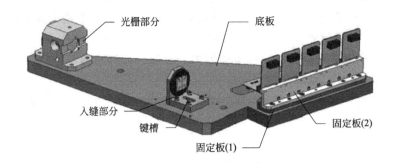

图 3-14　平场光学结构图

和出射臂的长度是经过相差优化得出的。出射狭缝定位为一个二维焦平面，便于 CCD、CMOS 等器件的接受面重合。

平场光学仪器的入射机构是一个宽度为 $8\sim25\mu m$ 的窄缝，其定位为入射臂的长度。由于通光孔径大以及像差校正，平场光栅具有比传统的罗兰圆凹面光栅更好的光收集效率和信号噪声比。

平场光栅与平面衍射光栅不同，它具有不使用凹面镜等成像元件就可构成分光光学系统的优点。因此，广泛应用于各种分析仪器、光通信、生物、医疗器械等领域。平场光栅被设计成光谱会聚在一个平面之上，是线性或 2D 阵列探测器的理想之选。这些光栅的刻线既不等间距也不平行，而是经计算机优化，使入射狭缝在探测器平面上形成高质量的图像。由于光学数值孔径大以及经像差校正，这些平场光栅具有比传统的 Ⅰ 型罗兰圆凹面光栅更好的光收集效率和信号噪声比。采用面阵探测器（例如一个二维的电荷耦合元件）时，通常是多个光源排列在入射狭缝上，并要求在面探测器上各自独立地形成每个光源的光谱（这种光谱仪称为图像光谱仪）。这些"图像光栅"几乎不受像散影响，因而构成图像光谱仪只需要一个固定的光学元件。

平场光栅主要有以下特点：

① 平场光栅自身就具有校正像差功能，因此，与传统的机刻衍射光栅相比，具有更高分辨率，并可构成紧凑的分光光学系统。

② 可制造小曲率半径的凹面衍射光栅，还可制造用于荧光分光分析、光通信等的相对孔径大的凹面衍射光栅。

③ 平场多色仪和定偏角单色器上使用的凹面衍射光栅，采用包括非球面波曝光法在内的最适合曝光法进行校正像差，具有出色的成像性能。

④ 光栅刻线是采用全息曝光法，利用双光束激光干涉，按光精度进行制造，因此，与机刻衍射光栅相比，避免了由刻线的周期误差造成的杂散光，是杂散光极少的衍射光栅。

⑤ 采用离子束刻蚀法进行闪耀加工，因此，可容易地制造出具有各种闪耀角（闪耀波长）的闪耀全息光栅。

⑥ 采用全息光刻的曝光方法，可容易地制造每单位长度刻线根数多的高分辨率衍射光栅。

3.2.3　真空控制系统

波长在 200nm 以下的谱线容易被空气中的 O_2、H_2O 等所吸收，从而造成此波长范围的元素无法测定，如 C、P、S、As、B、N 等。为了能准确分析这些元素，往往需要将光学室内抽成真空状态。

真空控制系统主要由以下几部分组成：真空泵、真空规管、电磁挡板阀、真空控制板、真空-高压控制板、自动-手动控制板及光学室。

① 真空泵：用于将封闭容器抽成真空状态的一种设备。

② 真空规管：是一种将压力信号转变为电信号的压力传感器。

③ 电磁挡板阀：在通电和断电的瞬间能迅速打开和关闭的阀门，主要用于接通和关闭光学室与抽真空管路的电磁阀。

④ 真空控制板：对光学室真空度、真空泵是否工作，光电倍增管负高压是否加上等进行控制的线路板。真空控制板由检测箱为其提供 +12V、-12V、+5V 的工作电压，其 4 芯的插子与规管相连，从而使真空度由电压值显示出来。真空控制板可通过电位器 W3、W4 来设定真空泵的启动电压、高压的启动电压（6 芯插子）。真空控制板同时与 CPU 进行通信，将测量参数传到计算机，在屏幕上显示出真空系统的工作状态。

⑤ 真空-高压控制板：与真空、光学室保护开关联动的、控制负高压是否加载的线路板。位于高压箱内，由高压电源板提供 21V 电源电压，受光学室盖和真空控制板控制。

⑥ 自动-手动控制板：可设定自动和手动两种方式。手动模式时，操作者可主动控制真空泵是否运行，按下"开始抽气"开关，真空泵开始工作（只要总电源不关，真空泵就一直工作）按下"停止抽气"开关则真空泵停止工作；自动模式则不能人为控制，只要测光系统打开，真空系统就会自行运转。当自动抽真空系统出现故障时，可将"自动-手动"开关转至手动方式，再将"抽气/停止"开关转至抽气状态即可。

光电光谱分析技术
与应用

真空控制板通过规管对光学室内的真空度进行监测，当真空度达到设定上限时，真空控制板给真空泵一个指令，真空泵自动开启，先将管路中的气体抽出，延时一段时间后，电磁真空隔断阀打开，此时开始对光学室抽真空。当达到设定下限时，电磁真空隔断阀关闭，再抽30s后真空泵停止工作。

首次抽真空或是长时间停机再开机时应注意，真空度未达到要求时，不要打开高压电路。因为在抽真空过程中，光学室内的空气越来越稀薄，当达到一定的条件后，若有高压加载，就会发生辉光放电，损坏光学器件，造成不可估量的损失。正确的操作步骤是：打开仪器总电源，再打开检测开关，待真空泵开始工作后，观察实时显示的真空状态，当真空电压达到0.7V，且界面显示高压已加时，再依次打开高压开关、光源开关。

3.3　测光系统

测光系统主要是完成光谱信号到被测物质组成的定性和定量分析任务，其转换的效率和精度直接影响着整台仪器的分析性能。

测光系统主要由检测器和数据处理系统组成，光电转换器实现光谱信号到模拟电信号的转化，然后经过积分电路的累积和放大，再经过模/数转换成数字信号，传输到计算机进行数据处理和分析，计算出元素的含量。测光系统的核心部件是光电转换器件，其灵敏度、增益及稳定性影响着分析结果的检出限和精密度。

目前广泛应用于光电直读光谱仪的光电转换器件主要有两大类，第一类是光电倍增管（PMT），第二类是半导体光电探测器（包括CCD、CID和CMOS）。

3.3.1　光电倍增管

光电倍增管是迄今为止最灵敏的光电转换器件，其灵敏度远高于半导体探测器，能够探测单光子，增益一般可达到$10^6 \sim 10^8$。光电倍增管的工作原理是利用外光电效应，当光照射到光阴极时，光阴极碱金属镀层向真空中溢出光电子，这些光电子进入倍增系统，通过二次电子倍增现象进行放大，最终把放大的电子束通过阳极收集并输出。光电倍增管有侧窗型和端窗型两种结构，一般光谱分析采用的是侧窗型光电倍增管，侧窗管有多种型号，需根据光谱分析的波长范围，选用适合的型号，如1P28、R6350、R6351等。

光电倍增管外壳由玻璃或石英制成，内部抽成真空状态，内部结构见图 3-15。阴极 K 上涂有可发射电子的光敏物质，在阴极和阳极之间装有一系列次级电子发射极。阴极和阳极间加载直流电压 V（约 1000V），每一个相邻电极之间都有一定电位差。当光照射在阴极上时，光敏物质发射出电子，电子被电场加速落在第一倍增电极 D_1 上，轰击出二次电子；这些二次电子被电场加速落到第二个倍增极 D_2 上，轰击出更多的二次电子（见图 3-16）。依此类推，到达阳极的电子数量是很庞大的。光电倍增管不仅起到了光电转换的作用，同时也放大了电流信号。

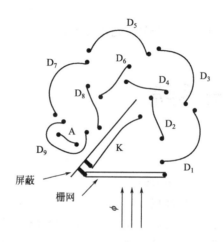

图 3-15　光电倍增管内部结构俯视图

K—光电阴极；$D_1 \sim D_9$—倍增极；A—阳极；ϕ—光通量

光电倍增管阴极和阳极间的直流电压，一般依靠稳压电源来供给，阴极接负电位，阳极接地，因此电源供电为负高压。各级倍增极上的电压都取自于此高压，依赖于电源之间的一串分压电阻而使每两个相邻电极之间产生一定的电位差。

光电倍增管主要技术参数：

① 光谱响应范围（nm）　指的是光阴极量子效率与光波长之间的关系，光电倍增管能够响应的极限波长范围 115～1700nm。其中短波响应范围主要受玻壳材料的限制，目前最好的短波长玻壳材料为氟化镁，短波能够响应到 115nm，长波极限响应主要影响因素是光阴极材料的限制。

② 峰值波长　指的是在光电倍增管波长响应范围内量子效率最高的波长。

③ 阴极有效直径　指的是光阴极的有效响应面积。

④ 光阴极材料　指的是光阴极材料的有效成分的材料，目前光阴极材料

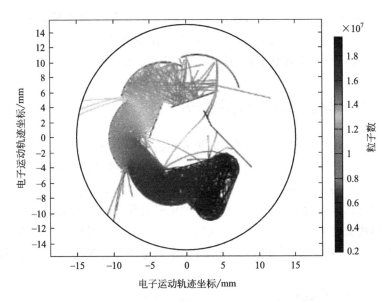

图 3-16　光电倍增管内电子轨迹（见彩图 2）

一般分为两大类，一类是碱金属化合物半导体材料，一类是掺杂半导体材料。碱金属化合物半导体材料主要有以下几种常用的材料及响应范围：

　　a. Cs-I：响应波长范围为 115～200nm，使用光窗为氟化镁材料。

　　b. Cs-Te：响应波长范围为 115～300nm/165～300nm，使用光窗为氟化镁材料和合成石英材料。

　　c. 双碱（Sb-Rb-Cs，Sb-K-Cs）：因使用两种碱金属材料而称为"双碱"，响应波长范围为 185～700nm，使用光窗材料一般为石英材料/硼硅玻璃材料/透紫玻璃。

　　d. 多碱（Sb-Na-K-Cs）：使用三种或三种以上碱金属材料的称为"多碱"，波长响应范围可达 185～900nm，使用光窗材料一般为石英材料或者硼硅玻璃材料。

　　⑤ 玻壳材料　即为光窗材料，主要影响光电倍增管的短波极限响应范围。主要使用材料为氟化镁（短波极限响应波长 115nm）、合成石英玻璃（短波极限响应波长 165nm）、透紫玻璃（短波极限响应波长 185nm）、硼硅玻璃（短波极限响应波长 300nm）。

　　⑥ 倍增系统结构　光电倍增管因使用场合、对性能的要求不同而结构也有所差异，常见的结构有环形聚焦型、盒栅型、直线聚焦型、百叶窗型、细网型、微通道板、栅网型倍增极、电子轰击型等类型。

　　⑦ 阴极光照灵敏度　光电流与入射到光阴极的光通量的比值。

⑧ 阳极光照灵敏度　阳极输出电流与入射到光阴极的光通量的比值。

⑨ 暗电流　在无光照射的情况下阳极输出的电流。

⑩ 增益　阴极发射电子到阳极接收电子的被放大倍数。

3.3.2　半导体光电探测器

半导体光电探测器是一种新型的把光辐射转变为电信号的器件，通过内光电效应，半导体材料的价带与导带间有一个带隙，其能量间隔为 E_g。一般情况下，价带中的电子不会自发地跃迁到导带，所以半导体材料的导电性远不如导体。但是如果通过某种方式给价带中的电子提供能量，就可以将其激发到导带中，形成载流子，从而增加其导电性。光照就是一种激励方式，当入射光的能量 $h\nu \geqslant E_g$（E_g 为带隙间隔）时，价带中的电子就会吸收光子的能量，跃迁到导带，而在价带中留下一个空穴，形成一对可以导电的电子-空穴对。这里的电子并未逸出形成光电子进而产生电流，将光信号转变为电信号。

半导体探测器由于体积小、重量轻、响应速度快、灵敏度高、易与其他半导体器件集成等优点，是光源的理想探测器，可广泛用于光通信、信号处理、传感系统和测量系统。目前，应用较多的半导体光电探测器主要有电荷耦合器件（charge-coupled detector，CCD）和互补金属氧化物半导体（complementary metal oxide semiconductor，CMOS）。

3.3.2.1　电荷耦合器件

电荷耦合器件（简称 CCD）是 20 世纪 70 年代初发展起来的一种新型半导体探测器，目前，CCD 技术已经发展成为一项具有广泛应用前景的新技术，成为现代光电子与测试技术中最受关注的研究热点之一。CCD 的突出特点是以电荷作为信号，而不同于大多数器件是以电流或者电压为信号。CCD 的基本功能是电荷的储存和电荷的转移。因此，CCD 工作过程的主要问题是信号电荷的产生、存储、传输和检测。CCD 具有成本低、体型小、重量轻、分辨率高、灵敏度高、像素位置信息强、结构紧凑等特点，各种 CCD 器件广泛应用于军事、工业、商业医学以及科研等领域。

CCD 从结构上可分为线阵型 CCD 和面阵型 CCD 两类（实物如图 3-17 所示）。线阵型 CCD 通常将 CCD 内部电极分成数组，每组称为一相，并施加同样的时钟脉冲。所需相数由 CCD 芯片内部结构决定，结构相异的 CCD 可满足不同场合的使用要求。线阵 CCD 型有单沟道和双沟道之分，其光敏区是 MOS 电容或光敏二极管结构，生产工艺相对较简单。它由光敏区阵列与移位寄存器扫描电路组成，特点是处理信息速度快、外围电路简单、易实现实时控制，但获取信息量小，不能处理复杂的图像。面阵CCD型的结构要复杂得多，它由很多光敏区排列成一个方阵，并以一定的形式连接成一个器件，获取信息量大，能处理复杂的图像。

(a) 线阵型CCD   (b) 面阵型CCD

图 3-17 CCD 实物图

CCD 具有成本低、像素尺寸小、低压供电等优势，现已广泛应用于仪器谱线的探测，作为一般仪器的常规分析已展现出其在市场上的优越性。然而，由于 CCD 的灵敏度低于 PMT 约 2 个数量级，并且受到几何形状的限制，因此其在高端仪器分析特别是气体元素和谱线不灵敏的元素分析领域仍无法取代 PMT。

（1）功能特性

金属-氧化物-半导体（MOS）电容阵列组成了 CCD，该阵列排列规则。CCD 中的 MOS 电容器的构成原理如下：在 P 型或 N 型硅衬底上用氧化的方法生成一层二氧化硅绝缘层，该二氧化硅层厚度大约为 100～150nm，然后在二氧化硅表面上淀积并光刻腐蚀出金属电极或多晶硅电极，最后在衬底和电极间上加一个偏置电压（栅极电压），一个 MOS 电容器就产生了。

CCD 图像传感器可直接将光学信号转换为模拟电流信号，电流信号经过放大和模数转换，实现图像的获取、存储、传输、处理和复现。许多采用光学方法测量外径的仪器，把 CCD 器件作为光电接收器。CCD 器件的显著特点是：①体积小重量轻；②功耗小，工作电压低，抗冲击与震动，性能稳定，寿命长；③灵敏度高，噪声低，动态范围大；④响应速度快，有自扫描功能，图像畸变小，无残像；⑤应用超大规模集成电路工艺技术生产，像素集成度高，尺寸精确，商品化生产成本低。

（2）性能指标

① 光谱灵敏度　量子效率、波长范围和积分时间等参数决定了 CCD 的光谱灵敏度。CCD 器件对不同波长光信号的光电转换能力是通过量子效率这一参数来体现的。CCD 器件的生产工艺不同，其量子效率也会有所不同。光照方式也直接影响光谱灵敏度，背照式 CCD 通常比正照式 CCD 的量子效率高，光谱响应曲线较平缓，因为正照式 CCD 存在无法避免的反射和吸收损失。

② CCD 的暗电流与噪声　a. CCD 器件内部的热激励载流子是产生暗电流的主要原因。低帧频工作的 CCD 来采集低亮度图像，通常需要几秒或几千秒的曝光时间，如果曝光时间较长，暗电流会在光电子形成之前将势阱填满热电子。不同像素的暗电流可能差别很大，是因为晶格点阵的天生缺陷。如果积分时间较长，则会有一个星空状的固定噪声图案。产生这种现象的原因是少数像素具有反常的较大暗电流，通常可在上位机软件里扣除。b. 不能收集光电子的死像素是由于晶格点阵的缺陷衍生出来的。由于电荷在移出寄存器的过程中要穿过像素，一个死像素就会导致一整列中的全部或部分像素无效。同时曝光时间太长的话会使过剩的光电子蔓延到相邻像素，造成图像扩散性模糊。

③ 转移效率和转移损失率　a. 电荷包从一个势阱转移到另一个势阱，是需要一个过程的。像素中的电荷在两个势阱间移动上千次或更多次才能离开芯片，这就对电荷转移效率提出了很高的要求，否则读出过程中光电子的有效数目就会丢失很多。b. 表面态俘获电子，转移损失造成信号退化，是电荷不完全转移的主要原因。"胖零"技术是减少这种损耗的有效办法。

④ 动态范围　同一幅图像中最强但未饱和点与最弱点强度的比值称为动态范围，数字图像一般用 DN 表示。

⑤ 时钟频率的上、下限　非平衡载流子的平均寿命决定了下限，电荷包转移的损失率决定了上限，即电荷包的转移要有足够的时间。

⑥ 非均匀性　表征 CCD 芯片全部像素对同一波长、同一强度信号响应能力的不一致性。

⑦ 时间常数　时间常数反应探测器的响应速度，也表示探测器响应的调制辐射能力。

⑧ CCD 芯片像素缺陷　a. 像素缺陷：对于在 50% 线性范围的照明，若像素响应与其相邻像素偏差超过 30%，则称为像素缺陷。b. 簇缺陷：在 3×3 像素的范围内，缺陷像素数量大于 5。c. 列缺陷：在 1×12 的范围内，列的缺陷像素数量大于 8。d. 行缺陷：在一组水平像素内，行的缺陷像素数量大于 8。

（3）电荷转移

光电荷的转移途径有 CCD 表面沟道（SCCD）和体沟道（BCCD，也称为埋沟道 CCD）两种方式。表面沟道 CCD 的电荷转移途径距离半导体-绝缘体分界面较近，工艺简单，动态范围大，但信号电荷的转移受表面态的影响，转移速度和转移效率低，工作频率一般在 10MHz 以下。为了消除这种现象，以提高 CCD 的工作速度，用离子注入方法转移沟道的结构，从而使势能极小值脱离界面而进入衬底内部，形成体内的转移沟道，避免了表面态的影响，这就是体沟道 CCD。体沟道 CCD 的转移效率大大提高，工作频率可高达 100MHz，且能做成大规模器件。

（4）CCD 与 PMT 的比较

目前，部分光电直读光谱仪采用 CCD 探测器，CCD 检测器的使用大大降低了光电直读光谱仪的硬件成本和调试流程。CCD 检测器因其可进行全谱扫描的优势，大大缩小了直读光谱仪硬件的体积，然而相对于光电倍增管（PMT）检测器，使用 CCD 检测器的光谱仪缺点也是显而易见的。

检测器作为光谱仪的核心部件，其技术的发展进步往往引领着光谱仪的发展。电荷耦合元件（CCD）技术的应用是光电直读光谱仪的一个技术发展方向，采用 CCD 将会降低光电直读光谱仪的生产成本，并减小仪器的体积。其次 CCD 最大的优点是全谱，可以很方便地增加检测元素的种类。另外，良好的稳定性和较长的使用寿命也是 CCD 的一大优点，CCD 型光电直读光谱仪可以实现激发样品时自动完成波长校准。模块化、易于校准和抗振动也是 CCD 型直读光谱仪的优势。

和传统的光电倍增管（PMT）技术相比，CCD 技术起步比较晚，而且作为一种崭新的技术，还存在一定的局限性。首先，CCD 技术无法像 PMT 技术那样每个通道都可以做优化；其次，温度越高 CCD 的暗电流越大，某些情况下为了降低暗电流需要加 CCD 制冷，这与光学系统需要恒温相矛盾。目前，PMT 的信背比要比 CCD 高，在痕量元素分析方面性能也比 CCD 好。除此之外，当前 CCD 技术虽然已经可以满足中端分析应用水平，但在短波元素分析、低含量元素分析、分析短期精密度和长期精密度方面还是和 PMT 存在不小的差距。

采用全谱技术的 CCD 光电直读光谱仪，能够接收全部的谱线，所以能够做到实时的波峰校正，节约了波峰校正的大量时间；另外，如果客户增加元素或者基体，PMT 需要增加管子数量，调整光室，而 CCD 直读光谱仪不需要改动硬件，只需使用标准样品建立工作曲线即可，十分方便高效；CCD 光谱仪集成度高，体积比 PMT 光谱仪小，光路焦距一般为 300～500mm（重量 70～150kg，体积 $0.15～0.5m^3$ 左右）；信噪比较高，但是对 UV 波长的非金属元素分析可靠性较差，因此主要应用在有色金属等材料的分析领域。

对于 PMT 直读光谱仪，一个 PMT 对应一个波长的谱线，所以一个元素至少要配一个 PMT，每个通道都需要进行扫峰校正；增加元素或者基体，都需要增加硬件，增加成本；仪器体积较大，焦距为 750～1000mm（重量 260～600kg，体积约为 0.6～2m³）；信背比优于 CCD，因此检出限更低；石英和 MgF_2 材质的入射窗，可分析 UV 波长范围的非金属元素，在 UV 和 VUV 波段元素分析更可靠，是分析黑色金属的首选，可进行超低含量分析。

当下，虽然 CCD 技术还有一些缺点，但是大家对 CCD 在光电直读光谱仪中的广泛应用是充满希望的。发展到现在，PMT 已经是一种经典成熟的技术了，而 CCD 技术正高速发展变化，可以预期 CMOS（互补金属氧化物半导体）技术很快会应用于 CCD 当中，这些新技术的相继出现是 CCD 继续发展的强大推动力。这些年，CCD 器件发展已经相当成熟，能够胜任一般的分析要求，针对细分市场，各种特殊用途的 CCD 不断应运而生。CCD 与 PMT 结合是目前解决全谱检测并满足微量和痕量分析的最优选择，但同时满足两种类型检测器的采样控制和系统的完美结合目前仍然是该类仪器的制造难点。

3.3.2.2 互补金属氧化物半导体

互补金属氧化物半导体（简称 CMOS）是指制造大规模集成电路芯片用的一种技术或用这种技术制造出来的芯片，是电脑主板上的一块可读写的 RAM 芯片。因为其具有可读写的特性，所以在电脑主板上用来保存 BIOS 参数设置。

（1）CMOS 与 CCD 的区别

CCD 与 CMOS 传感器是当前普遍采用的两种图像传感器，CCD 与 CMOS 传感器光电转换的原理相同，两者都是利用感光二极管（photodiode）进行光电转换，将光谱信号转换为数字信号，主要差异是数据传送的方式不同。CCD 的特殊工艺可保证数据在传送时不会失真，每一行中每一个像素的电荷数据都会依次传送到下一个像素中，汇聚至最底端部分输出，再经由传感器边缘的放大器进行放大输出；而在 CMOS 传感器中，数据在传送距离较长时会产生噪声，因此，必须先放大，再整合各个像素的数据，每个像素都会邻接一个放大器及 A/D 转换电路，用类似内存电路的方式将数据输出。由于数据传送方式不同，CCD 与 CMOS 传感器在效能与应用上也有诸多差异。

（2）CMOS 与 CCD 参数对比

CCD 和 CMOS 都是一种光电转换探测器，可以将光信号转换为电信号。

早期，CCD 对光谱响应灵敏度、信噪比和短波响应效率要优于 CMOS，CCD 先于 CMOS 应用于光谱分析技术，后来随着 CMOS 半导体工艺技术的更新，CMOS 在灵敏度、信噪比和短波响应效率都有了很大提升。目前，CMOS 的灵敏度已接近甚至赶超 CCD，可以达到光谱分析应用需求。此外，CMOS 的读取速度更快，更简单，耗电量也更小，随着 CMOS 技术的不断发展更新，噪声也有明显的下降，使用 CMOS 作为检测器的光谱仪，其测量精度和重复性也随之提升。随着半导体技术的发展，CMOS 性能会得到更大的提升，在光谱分析领域有着更好的发展前景。

（3）基于 CMOS 的光谱采集系统

随着光谱分析技术的发展，光谱探测技术也朝着多方向发展，传统基于 PMT 的光谱探测技术，有着体积大、管子数量多、成本高、通道配置不灵活的劣势，不利于光谱仪向小型化、低成本方向发展。因为 CCD 有着制造工艺复杂，技术革新缓慢的缺点，而 CMOS 技术作为一种全新的技术，工艺较为简单、功率较低、成本较低，在图像传感领域已经得到很好的应用，通过对信背比、灵敏度和光谱响应技术的突破，完全可以应用到光谱探测领域，在光谱分析领域表现出突出的技术和价格优势。

国内已有生产厂商开始 CMOS 光谱分析工程技术的应用研究，并不断推动 CMOS 光谱采集新技术在光谱分析领域的应用。目前，采用某品牌型号的 CMOS 进行应用试验，基本达到光谱分析的应用要求。该系统在原有 CCD 光谱采集系统上，通过优化 CMOS 探测器前端光路和数据转换及采集电路，设计了一种高效的 CMOS 全谱采集系统，可应用于各类光谱仪，不仅实现了一定光谱范围内的全谱采集，有效提升光谱采集的效率和速率，也对提升光谱仪性能起到至关重要的作用。

CMOS 全谱采集系统由聚光装置、CMOS 探测器、数据转换板和数据采集卡四大部分组成（见图 3-18）。聚光装置通过透镜将入射的光谱信号进行反射聚焦；CMOS 探测器用于将反射聚焦后的光谱信号等比例转换为电压信号；数据转换板的作用是将电压信号进行放大、滤波、传输；数据采集卡用于将处理后的电压信号进行 AD 转换、计算处理，并将处理后的信号传输到上位机。

数据转换板，通过排线与 CCD 连接，CPU 采用 ARM 来产生几路驱动信号使 CCD 正常工作；数据转换板通过运算放大器进行电压信号的放大和滤波处理，采用 ARM 芯片的片内 ADC 进行电压信号的 AD 转换，然后采用 422 通信方式将数据传输到后端。将数据采集卡置于上位机的 PCI 插槽中，并通过 DB 接口与 8 路所述数据转换板相连接，每路数据转换板为独立控制，上位机可以控制转换板同时或分时工作，实现不同波段光谱数据的转换和采集，不

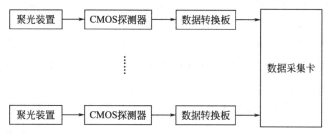

图 3-18　CMOS 光谱采集系统框图

仅保证了较大的光谱采集范围，同时也提高了光谱信号的采集速度。

3.3.3　数据处理系统

数据处理系统是对光电检测器获得的信号进行增益、分离和数据处理后，将分析元素的信号以特定的格式进行表示。数据处理系统通常带有背景校正、基体校正、干扰校正、内标元素校正等功能，可提高测量结果的精密度。

信号读取系统又称积分系统，主要有两种成熟技术，分别为单脉冲火花时间分辨读取技术和火花累计读取技术。常用的方法有以下几种：内标法、通过标准物质绘制工作曲线法、通过 PDA 技术筛选数据、通过软件通道的测量数据进行背景以及第三元素干扰的去除运算、通过控制样品找回仪器的漂移量。例如：单火花采集（SSA）数据处理系统，对光电倍增管（PMT）采集的数据，灵活使用采集开始-停止算法（FAST）、离散火花强度去除算法（DISIRE）、Spark-DAT 算法进行处理。激发过程中会产生奇怪的火花行为和烧蚀变化，是因为样品中存在结构缺陷及夹杂物，从而造成低强度现象，此时采用灵活采集开始-停止算法能够对各通道中的最优单火花脉冲强度进行处理，从而获得最稳定的信号数据，提高分析精密度。离散火花强度去除算法，可以把强度特别低的信号去除掉，根据内部标准通道响应进行探测，从而提高精密度。Spark-DAT 算法通常在酸溶/酸不溶以及夹杂物分析领域广泛应用。

3.4　控制系统

控制系统是光谱仪各模块与计算机之间连接的桥梁，可自动向光谱仪器各部分发出动作指令，以完成整个分析过程，并使仪器保持稳定状态。一般光谱仪的测量和控制单元组合在一个装置内，主要任务为控制和读取仪器各分模块的状态，包括恒温控制、真空控制、气路控制、激发光源控制、光电倍增管高压控制、描迹控制等。

在样品分析过程中，控制系统负责接收分析软件发送的分析参数，根据分析参数控制分析顺序、各过程的时间、气路和光源的动作，并实现光电倍增管（PMT）积分通道的数据采集或者控制 CCD（或 CMOS）进行数据采集，分析过程完成之后，将采集到的光谱数据发送到上位机，由上位机进行数据处理，得出分析结果。

控制系统在光电直读光谱仪中完成的主要功能如下：

① 温度控制　由控制单元控制加热器对光学室进行加热恒温，同时通过温度传感器采集光学室的温度，采用半导体开关技术和脉冲宽度调制技术，实现温度的精确控制，保证光学室温度的长期稳定。

② 真空控制　由控制单元控制真空泵对光学室抽真空，同时通过真空硅管采集光学室的真空度，一般控制真空度 2～10Pa，避免空气对 200nm 以下的紫外波段光谱吸收，提升短波分析精度和降低检出限。

③ 气路控制　由控制单元控制各气路的电磁阀的开关，主要实现在分析过程的不同阶段的氩气流量，以达到样品良好的激发效果。

④ 光源控制　由控制单元给激发光源发送激发频率和激发参数，控制光源输出不同的电参数，实现不同材料的良好激发。

⑤ 高压控制　由控制单元给高压系统发送通道和高压参数，实现各积分通道高压设置，对于基于 CCD 数据采集系统的光谱仪，不需要高压控制。

⑥ 描迹控制　由控制单元控制入缝机构进行一定范围内光谱扫描，通过寻找最大峰值实现光学系统校准。

3.5　附属装置

光电直读光谱仪的附属装置主要有供气装置、取样装置以及小样品夹具等。

3.5.1　供气装置

通常包括气体减压阀、气体容器以及用于提高工作气体纯度的气体净化器。

3.5.1.1 气体减压阀

光电直读光谱仪所用到的氩气一般都是贮存在专用的高压气体钢瓶或液氩气罐中,使用时需要通过气体减压阀来使瓶内气体压力降至仪器工作所需的范围,再通过其他控制阀门细调,使气体输入使用系统。

气体减压阀是气动调节阀的一个必备配件,主要作用是将气源的压力减压并稳定到一个特定值,以便于调节阀能够获得稳定的气源动力用于调节控制。气体减压阀是通过控制阀体内的启闭件的开度来调节介质的流量,将介质的压力降低;同时借助阀后压力的作用调节启闭件的开度,使阀后压力保持在一定范围内;并在阀体内或阀后喷入冷却水,将介质的温度降低,这种阀门也称为减压减温阀。气体减压阀的特点是,在进口压力不断变化的情况下,保持出口压力和温度值在一定的范围内。

3.5.1.2 气体容器

光电直读光谱分析用的氩气临界温度极低,蒸气压为202.64kPa(−179℃),溶点−189.2℃,沸点−185.7℃,常温常压下为气态,微溶于水,其储存容器一般分为高压钢瓶和杜瓦瓶两种。

高压钢瓶是对气体进行高压压缩,压缩后的气体仍处于气态,钢瓶的设计压力大于或者等于12MPa。高压钢瓶在运输、储存及使用过程中应注意以下几点:

① 应置于专用的仓库内储存,由具备专业知识的技术人员统一管理,配备可靠的个人安全防护用品,并设置相关警示标志。

② 储存仓库应通风、干燥,避免阳光直射,远离明火及其他热源。

③ 空瓶与满瓶应分开放置,并有明显标志。气瓶应摆放整齐,保持直立,并妥善固定,应有防止倾倒的措施。

④ 运输工具必须安全可靠,运输过程中必须带好瓶帽、防震圈,轻装轻卸,严禁抛、滑、滚、碰。

⑤ 高压气瓶上应选用合适的减压表,安装时螺口要旋紧,防止泄漏;开关减压表和开关阀时,动作要轻缓,使用时先打开钢瓶开关阀,再开减压表,用完后先关钢瓶开关阀,放尽余气后再关减压表,切不可只关减压表不关钢瓶开关阀。

⑥ 使用高压气瓶时,操作人员应站在与气瓶接口处垂直的位置上,操作时严禁敲打撞击,并经常检查有无漏气,注意压力表的读数是否在正常范围内。

⑦ 使用后的气瓶，按规定应留 0.05MPa 以上的残余压力，以防重新充气时气体不纯，切不可用完用尽。

⑧ 所有气瓶必须定期进行技术检查，一般三年检验一次，如在使用过程中发现有严重腐蚀或外表损伤，应提前进行检验。

杜瓦瓶（Dewars）也叫保温瓶，是采用超级真空绝热的不锈钢压力容器，为储存、运输和使用液氩等气体而设计，可用于可靠而经济的运输低温液态气体，以及就地储存和供应液态气体。

杜瓦瓶一般情况下有 4 个阀门，即液体使用阀、气体使用阀、放空阀和增压阀，此外还有气体压力表和液位计。杜瓦瓶不但设置了安全阀，而且还设置了防爆片，一旦瓶内气体的压力超过安全阀的起跳压力，安全阀立即会起跳自动排气泄压。如果安全阀失灵或气瓶发生意外导致真空层破坏，瓶内压力急剧升高到一定的程度，其所设的防爆片就会自动破裂，从而及时地将瓶内压力很快降到大气压力。杜瓦瓶储存液氩的能力远远大于普通的高压气瓶。一只 175L 的杜瓦瓶，其储气能力相当于 28 只 40L 的高压气瓶的储气量，因此可以大大缓解运输压力，减少资金投入，提高使用效率。

杜瓦瓶使用操作及注意事项：

① 杜瓦瓶应单独存放于阴凉通风处，远离热源、火源，同时在附近应设有防火装置。

② 应确保杜瓦瓶与终端用户连接完好，检查系统所有阀门、压力表、安全阀等齐全且完好，供气系统不得有油脂和渗漏情况。

③ 使用杜瓦瓶及从事与深冷液体有关的任何工作时，必须注意防护，防止冻伤。

④ 如若液氩发生泄漏，应及时开窗透风，以免使人窒息。

⑤ 盛装液氩的杜瓦瓶充装量不能超过 230kg。

⑥ 使用时必须保证气瓶直立，避免翻倒，更不可横向滚动气瓶。

⑦ 在使用液氩时，建议尽可能地降低瓶内压力。

3.5.1.3 氩气净化机

在光电直读光谱分析中，想要光谱仪分析得到一个准确的数据，给光谱仪提供良好的气源是必要的前提，通常要求氩气纯度不低于 99.996%。而通过氩气净化机输出的氩气含量往往优于 99.999%。下面以某品牌氩气净化机为例进行详细介绍。

（1）工作流程

氩气净化机的工作流程如图 3-19 所示，原料氩气经原气进气阀 AVF01 进入催化塔 C01，原气中的 O_2 等杂质与催化塔中的高效催化剂作用（在 250℃下），转变成能被吸附塔吸附的物质。在 I 路工作的情况下，氩气经工作切换阀 SVF01 进入吸附塔 I C02（室温），H_2O、O_2 等杂质被吸附剂吸附后，经高效过滤器 SR01 除去尘埃，然后经再生切换阀 SVF02、纯气出阀 AVF02 流出系统，即可输出高纯气体。

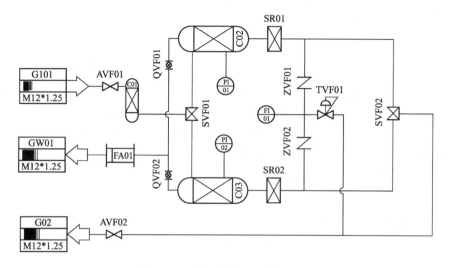

图 3-19 氩气净化机工作流程图

AVF01—原气进气阀；C01—催化塔；SVF01—工作切换阀；QVF01— I 再生气出阀；

QVF02— II 再生气出阀；C02— I 吸附塔；C03— II 吸附塔；SR01— I 塔高效过滤器；

SR02— II 塔高效过滤器；PI01— I 塔压力表；PI02— II 塔压力表；FI01—再生气流速计；

TFV01—再生气调节阀（装在机内）；ZVF01— I 路止逆阀；ZVF02— II 路止逆阀；

SVF02—再生切换阀；AVF02—纯气出阀

在 I 吸附塔 C02 工作的同时，可以对 II 吸附塔 C03 进行再生。按下 II 路再生按钮，系统会自动对 II 吸附塔进行加热，并自动打开相关阀门，纯气就会经对加热的 II 吸附塔逆向吹扫，把脱附的杂质排除机外，达到再生的目的。当 I 吸附塔吸附杂质较多时，只需将工作切换阀 SVF01 转到 II 吸附塔工作，将再生切换阀 SVF02 转到 I 吸附塔再生状态，即可对 I 吸附塔进行再生，从而实现系统的连续稳定运行。

（2）操作方法

1）吸附塔选择

由于系统配备有两个吸附塔，采用一用一备的模式设计，使用时需要选择一个未失效的吸附塔工作。将工作切换阀 SFV01、再生切换阀 SVF02 同时逆时针旋转到位，即选择 I 路吸附塔（C02）工作，此时 II 路吸附塔（C03）处于再生准备状态；同时将工作切换阀 SFV01、再生切换阀 SVF02 顺时针旋转到位，即选择Ⅱ路吸附塔（C03）工作，此时Ⅰ路吸附塔（C02）处于再生准备状态。

2）开机

加热催化塔：打开总电源 SA1 和催化加热开关 SA2，加热催化塔。

通气：当催化塔的温度上升到工作温度，选择好吸附塔后，就可以打开钢瓶总阀、原气进阀 AVF01，待压力上升到所需工作压力后，再打开纯气出阀 AVF02，就可向用气点输出高纯氩气。

3）停机

由于停机期间需要保持机内处于正压状态，故停机时需调节原气压力，使机内充以 0.4～0.6MPa 的氩气，然后依次关闭纯气出阀 AVF02、原气进阀 AVF01、气源总阀和电源 SA2、SA1 等。

4）再生

当Ⅰ路吸附塔经较长时间工作，吸附杂质接近饱和，但又未完全饱和失效时，就应转换到Ⅱ路吸附塔工作，并对Ⅰ路吸附塔进行再生，再生方法如下：

按下Ⅰ路再生按钮 SB1，系统会自动打开Ⅰ再生气出阀 QVF01 和接通Ⅰ路吸附塔再生加热温控电源，Ⅰ塔会自动升温到设定的再生温度 400℃并恒温。再生时间一般约 8～10 小时。再生后的吸附塔需要冷却至室温后才能重新使用。如果再生效果不好，可以延长再生时间至 24 小时。

（3）注意事项

① 催化塔未达到工作温度时，切勿打开原气进气阀 AVF01，否则会引起气体不纯。

② 只能对备用塔进行再生，切勿对工作塔再生，否则会引起气体严重不纯。

③ 一定要及时切换工作切换阀 SVF01、再生切换阀 SVF02，要求在工作吸附塔还未完全饱和失效之前切换到备用塔工作，并对快要失效的塔进行再生，至于每个塔工作多长时间需要再生，与原气的杂质含量有关，由用户根据气源情况及使用中的经验总结确定。

④ 压力表只有再生时处于零，其他状态都要求高于 0.2MPa。如果有一路压力为零，而该路又没有处于再生状态，请打开有关阀门对其充气，并注意进行气密性观察。

⑤ 再生期间，再生用氩气都需要一定的流速，流速要达到黄线附近，如果流速计流速低于黄线，可以调节相应的调节阀使其流量达到黄线以上。

⑥ 工作切换阀 SVF01、再生切换阀 SVF02 一定要同时顺时针或同时逆时

针旋转，切忌交叉旋转，否则会引起气体的严重不纯。

⑦ 不论由于何种原因引起的气体不纯，都可以用反复再生的方法把纯度提高，例如，第一天上午选Ⅰ路系统工作，则对Ⅱ路系统进行再生，再生8～10小时后，机器会自动结束再生冷却过夜，第二天上午Ⅱ路系统已冷却至60℃以下，此时转换到Ⅱ路系统工作，对Ⅰ路系统进行再生，一般这样反复再生一两次，氩气纯度就可以达到使用要求。

⑧ 若反复再生仍不能提高纯度，可能有以下两种原因：一是原料气中杂质含量过高，超过了净化机的允许量；二是催化剂耗尽，需停机检查。检查方法是，打开纯气阀，把机内的气体放空，当压力降为零后，打开催化塔上盖，用一根干净的铁丝探知催化剂还剩多少，若低于1/2时，则需加入新的催化剂。

⑨ 再生时吸附塔的压力一定要降为零，如果不为零，可能是再生气出阀没打开，应检修此阀。

3.5.2 取样装置

取样装置主要是指从铁水、钢水及熔融态的金属合金中取样时所使用的模具。模具有钢制、铸钢制、铸铁制及铜制等金属模具，也有石墨、耐火材料等制成的模具。通过模具取到的样品有圆锥台形、圆柱形、饼状或棒状等形状。选择模具的材质和形状时，首先要考虑能否获得均匀的分析样品，同时避免对样品造成污染，并且取样过程容易浇铸和取出。

3.5.3 制样设备

样品取样后为获得一个平整的分析平面，通常要用到高速切割机、金属切削机床等切割设备，及电动磨床、铣床、砂纸磨盘、砂带研磨机等磨削设备。研磨材料多为氧化铝和碳化硅，应注意磨料中化合态的元素往往影响试样中相同元素的分析，特别是对试样中低含量元素的分析结果影响较大，此时需要更换其他材质的砂纸或砂盘，或选择其他无影响的试样加工方法。

3.5.3.1 切割设备

在光电直读光谱分析中，对于某些不适合直接放置在激发台上分析的样品，应选择合适的切削设备将其加工成合适的大小，再进行下一步处理。砂轮切割机是光谱分析样品制备过程中最常用的切削设备之一，主要由基座、砂轮、电动机（或其他动力源）、托架、防护罩和给水器等部件组成。砂轮切割机在使用过程中应注意以下几点：

① 工作前必须穿戴好劳动防护用品，检查设备接地是否正常。

② 检查确认砂轮切割机是否完好，砂轮片是否有裂纹或缺陷，禁止使用带病设备和不合格的砂轮片。

③ 切料时不可用力过猛或突然撞击，遇到异常情况要立即切断电源。

④ 被切割的料要用台钳夹紧，切勿手扶，切料时，操作人员必须站在砂轮片的侧面。

⑤ 更换砂轮片时，要待设备停稳后进行，更换完成，检查确认无误后方可使用。

⑥ 操作过程中，机架上不准存放任何工具及其他物品，防止切割时产生的振动将物品振掉发生危险。

⑦ 砂轮切割机应安放在平稳的地面上，远离易燃易爆品，电源线应接漏电保护装置。

⑧ 砂轮切割片应按要求安装，试起动运转平稳后方可开始工作。

⑨ 卡紧装置应安全可靠，防止工件出现意外松动。

⑩ 切割过程中，操作人员应均匀切割并避开切割片正面，防止因操作不当发生切割片打碎事故。

⑪ 工作完毕应擦拭砂轮切割机表面的灰尘，并清理工作现场，露天存放应有防雨措施。

3.5.3.2　磨削设备

常用的磨削设备有光谱磨样机、车床和铣床等，Fe、Co、Ni、Cr 等硬质黑色金属及其合金通常用磨床研磨，Al、Cu、Pb、Zn 等有色金属及其合金一般用车床或铣床切削。

在光电直读光谱分析中，光谱磨样机主要用于钢、铁样品的制备。根据 GB/T 20066—2006《钢和铁 化学成分测定用试样的取样和制样方法》规定，磨料粒度应选择 60～120 级之间比较合适。如需分析 N、Al、B、Ca、La、Ce 等特殊元素，为避免样品被污染或损失，可使用锆刚玉砂纸。砂纸粒度的选择：中低合金钢为 0.250mm 粒度的砂纸，不锈钢、工具钢、Ni 基合金、Co 基合金、Ti 基合金等硬度很高的材料选用 0.425mm 粒度的砂纸。

车床主要用于不适用磨样机磨制的样品，如有色金属、硬度较低的黑色金属等。铣床因具有样品污染小、制样速度快、质量稳定、工作强度小等优点，常用于分析样品的加工制备。

3.5.4 小样品夹具

通常情况，制备好的试样应有足够大的分析平面，能够完全覆盖激发孔，并保证激发过程不漏气，但在实际分析工作中，一些特殊形状的样品无法提供满足要求的接触面（如钢筋、铁丝等），此时应选用专用的小样品夹具，为激发面积较小的样品提供一个足够大且相对密闭的平面，从而保证激发过程在纯氩气气氛中正常进行。

小样品夹具可以实现小直径的棒状、薄板等样品的分析，但在使用小样品夹具的过程中，应采取必要的措施，避免因分析条件的改变而引起分析结果的偏差。

以某仪器厂家配备的小样品夹具为例，简要说明其使用方法：首先将待测试样对照磨样器，找到合适大小的孔，然后将试样插到该孔中，到砂轮机上磨制样品，将表面磨好的小试样放入夹具中，保证分析面与夹具下表面在同一平面上。在激发台上表面安装好定位器，将小试样夹具完全嵌入定位器中，保证夹具与定位器接触牢靠、安装稳固，盖好上盖，防止分析过程中出现漏光、漏气现象，用压样杆压好后开始分析。需要注意的是，分析小试样时，应有小试样曲线，否则会因火花强度不同而使分析结果出现异常。

思 考 题

（1）简述光电直读光谱仪的主要组成部分，及各部分的作用。
（2）激发光源主要分为哪几类，现代直读光谱仪一般使用哪类光源？
（3）如何判断激发点是否正常？
（4）光学系统包括哪些组成部分？
（5）常见的分光元件有哪几种，在仪器中起什么作用？
（6）简述光电倍增管的工作原理及其优缺点。
（7）简述 CCD 的工作原理及其优缺点。
（8）简述 CCD 和 CMOS 的相同和不同之处。

第
4
章

仪器日常分析操作、维护保养及常见故障排除

光电直读光谱仪的日常使用和维护，主要包括样品分析前的准备、金属及其合金样品的分析以及仪器的维护保养、故障排除三方面的内容。虽然国内外直读光谱仪品牌众多、种类复杂，但仪器的基本结构及工作原理相同，日常使用和维护方法都大同小异。本章主要以国内某品牌系列直读光谱仪为例，讲述仪器的日常分析操作、维护保养及常见故障的排除等方面内容。

4.1 日常分析步骤

仪器的日常分析步骤主要包括开关机、软件操作、仪器的校准及样品的测量。

4.1.1 开、关机顺序

4.1.1.1 开机顺序

① 首先接通仪器总电源，打开稳压电源，待电压稳定在 220V 后，依次打开光谱仪的电源开关（主开关）、检测开关、光源开关，再打开电脑主机、显示器、打印机。

② 打开光谱仪的分析软件，选择进入所需要的分析程序，点击"系统维护"菜单下的"实时测量真空状态"按钮，分析软件界面即实时显示真空状态，当真空度达到要求范围时，界面会显示"高压已加"，此时方可打开光谱仪的高压开关。

③ 打开氩气瓶总阀，将分压表的压力调至 0.3～0.4MPa，吹扫 15min以上。

4.1.1.2 关机顺序

与开机顺序相反，应先关闭电脑等外部设备，再依次关闭光谱仪的高压、光源、检测及总电源开关，最后切断仪器总电源。

如仪器使用频率较高，建议主电源及高压应保持长期开启状态，以保证仪器内部恒温，光电倍增管处于稳定的工作状态。如停机时间超过两天或长期不使用，则关闭仪器，但在下次使用前 6～8 个小时需提前打开仪器主机进行恒温，确保仪器使用过程中能够达到稳定的工作状态。

4.1.2 样品分析

4.1.2.1 预热

在日常仪器分析（校准）开始前，应先对仪器的测量系统进行预热。具体做法为，找一块固定且表面平整的废旧试样置于火花台上，连续激发测量（测量次数根据氩气纯度及停机时间而定），观察激发斑点状态及原始强度数据是否正常，同时注意观察以下几点：

① 观察激发点中间有无银白色的金属熔融物，外圈有无黑色或褐色的放电物（铸铁样品黑圈程度较小）。

② 观察各元素强度的稳定程度，以判定仪器是否进入稳定的工作状态。

③ 在分析软件"显示选择"下拉菜单中，选择"原始强度"，查看内标通道元素的原始强度是否达到一定数值，且与上一次废样激发原始强度相差较小（一般要求在10%以内）。

仪器激发正常，且数据稳定后，方可进行下一步操作。

4.1.2.2 分析程序选择

双击光谱仪分析软件快捷图标，打开分析软件后，屏幕上将出现如图4-1所示的分析程序选择界面。

图 4-1　分析程序选择界面

其中，"程序名称"是仪器生产厂家根据分析材料编制的程序名称代号，无特殊意义；"基体元素"是指被分析材料中含量超过 50％（或含量最高）的元素；"合金类型"是指基体元素特定的合金类型（牌号），也就是由一系列标准样品绘制的工作曲线的总体概括描述；"质量管理文件"是指程序在特定牌号控制的元素范围内进行的样品监测分析。

客户可以根据要分析材料的种类（如中低合金钢、不锈钢、铸铁等），选择合适的分析程序。用"↑""↓"键或鼠标点击被选择的程序后，按回车键或点击"确定"，即可进入分析窗口界面，如图 4-2 所示。

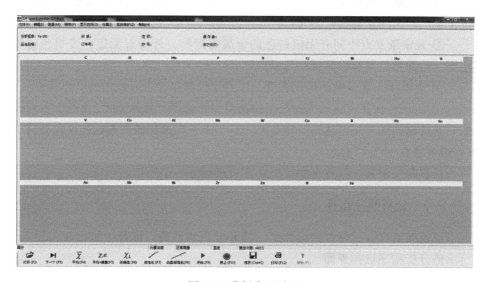

图 4-2　分析窗口界面

4.1.2.3　分析窗口

分析窗口界面具有 Windows 应用程序的标准下拉式菜单，功能如表 4-1～表 4-8 所示。

表 4-1　"文件"菜单

菜单项	功能
中英文切换	切换界面语言
页面设置	打印页面设置
打印机设置	设置打印机工作方式
打印	打印分析结果
存储	存储分析数据
传输	将分析数据传送到"网络""大屏幕"或其他"管理机"上
退出	退出分析程序

光电光谱分析技术
与应用

表 4-2 "编辑"菜单

菜单项	功能
删除	删除单次分析结果,选中分析项后单击鼠标左键或直接按键盘"Delete"键
全部删除	在菜单项选中此项,单击"确定"或回车可删除全部分析数据
恢复被删除结果	下次激发前,能够恢复最后一次删除的数据
平均	计算各元素的所有分析数据的平均值
详细值	回到单次测量的状态
详细值＋平均＋偏差	对分析结果进行统计计算
修改标准化参数	修改标准化参数
修改样品参数	修改样品标志、编号等参数

表 4-3 "测量"菜单

菜单项	功能
下一个试样	进行下一个试样测定,显示试样标志输入区
开始	开始激发试样
连续测量	连续激发试样
停止	停止激发试样
初次标准化	做完曲线后第一次标准化,收集标准化样品的标准值
标准化	进行标准化测量
类型标准化	进行类型标准化测量
装入类型标准化	装入已存的类型标准化参数
清除类型标准化	清除装入的类型标准化参数

表 4-4 "程序"菜单

菜单项	功能
选择分析程序	弹出分析程序总表,切换分析程序
查看程序参数	查看当前程序所设定的参数(此命令无法对程序参数进行更改,只有查看权限)
修改程序参数	修改当前设定的程序参数
建立新程序	重新建立一个新的分析程序
程序另存为	更改程序名称,并重新生成一个新程序
测量标定样品	收集制作工作曲线的标定样品强度比
标定曲线拟合	拟合标定工作曲线
质量控制文件	进行各种材质元素含量范围的判断

表 4-5　"显示选择"菜单

菜单项	功能
原始强度	显示分析元素的原始强度绝对值
原始强度比	显示分析元素原始强度与内标元素强度的比值
标准化强度比	显示标准化修正以后的强度比
修正了元素间干扰的强度比	显示经干扰修正后的强度比
通道浓度比	显示通道的浓度比
通道浓度	显示通道的浓度
元素浓度	显示标准化后的元素含量
类型标准化浓度	显示经类型标准化校正后的元素含量

表 4-6　"仪器"菜单

菜单项	功能
氩气冲洗	进行氩气冲洗(更换新氩气后要进行氩气冲洗)
光学系统校准	进入描迹程序,对光学系统进行校准
暗电流测试	对光电倍增管及积分通道进行无信号输入时的积分测量
恒光测试	给每一个光电倍增管加一恒定光源进行的积分测量
恒光激发	在激发状态下,给每一个光电倍增管加一恒定光源进行的积分测量
检查真空电路	检查真空泵的工作状态
实时测量真空状态	实时监测光学室的真空度及真空泵的工作状态
编辑仪器通道总表	编辑输入与硬件对应的通道表,包含仪器的所有通道
模拟工作方式	仪器进入模拟工作方式

表 4-7　"系统维护"菜单

菜单项	功能
选项设置	对通信、传输结果、输出、存储等的设置
标准样品管理	对标准样品数据库进行管理
分析结果查询	对分析结果进行数据查询管理
分析结果备份	对分析结果进行数据备份
PMT 自动描迹	打开 PMT 自动描迹界面
CCD 描迹	打开 CCD 自动描迹界面
CCD 通道设置	打开 CCD 通道设置界面
光学系统自动校准	进行光学系统自动校准
CCD 通道自动校准	进行 CCD 通道自动校准

表 4-8 "帮助"菜单

菜单项	功能
帮助(X)	显示与样品分析相关功能介绍
分析数据管理帮助(Y)	显示分析数据管理功能介绍
关于(A)	显示分析程序的版权和版本信息

分析程序测量窗口底部还有一系列命令，每个命令都对应一个快捷键，即键盘上的 F1~F12 功能键，点击命令或敲击键盘上对应的功能键，可以起到相同的指令作用。不同快捷键对应的具体指令见表 4-9。

表 4-9 快捷键对应的指令

快捷键	指令	快捷键	指令
F1	帮助	F7	标准化
F2	选择分析程序	F8	类型标准化
F3	分析下一个试样	F9	激发样品
F4	平均值计算	F10	停止激发品
F5	统计分析	F11	连续激发样品
F6	回到单次测量状态	F12	打印

程序对常用的菜单项定义了快捷键，见表 4-10。

表 4-10 菜单项快捷键对应的指令

快捷键	指令	快捷键	指令
Alt+F	开/关氩气冲洗	Ctr+P	打印
Alt+D	暗电流测试	Ctr+S	存储
Alt+C	恒光测试	Ctr+T	传输
Alt+E	恒光激发测试	Del	删除记录
Ctr+L	语言切换	Ctr+Z	恢复删除的数据

4.1.3 仪器校准

仪器在使用过程中，各种条件的变化，都有可能造成仪器参数的微小变化，如温度、湿度的变化，电源电压的波动，氩气的更换、激发台的清理频次等，都会影响分析结果的准确性，因此，需要经常进行仪器的各项校准工作。直读光谱仪常用的校准方法有三种，即描迹、标准化和类型标准化。

4.1.3.1 描迹

材料的热胀冷缩效应可能会造成仪器出射狭缝的微小偏移，此时可以通过调整入射狭缝的位置来修正这种偏移对分析结果造成的影响，即通过描迹来对仪器光学系统进行校准。

停机时间较长（超过 4h），仪器重新开机后，或用控制样品做质量控制分析，发现分析数据漂移较大时，首先要考虑对仪器进行描迹处理。通常，当室内环境温度相对恒定时，可一个月左右进行一次描迹。

目前，国内多数光谱仪厂家的仪器采用自动描迹的方法，即描迹工作可在程序控制下自动进行。

选用描迹样品时，应注重其均匀性，待测元素及基体元素含量的均匀性尤为重要。仪器自动描迹的具体操作流程为：

（1）PMT 描迹

选择分析程序主界面上的"系统维护"菜单，打开自动描迹主界面，如图 4-3 所示，标题栏显示了上次描迹位置。

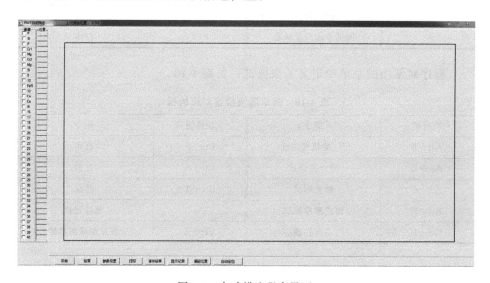

图 4-3 自动描迹程序界面

点击"参数设置"，弹出描迹参数设置，如图 4-4 所示。在参数设置对话框中，点击"读电机位置"，弹出电机设置对话框如图 4-5 所示，记下当前电机位置，点击"确定"。

设置描迹时间及光源参数：冲洗时间，推荐 3～15s；预燃时间，8～15s，光源参数默认为 0；激发时间，0.5～10s，光源参数默认为 0。

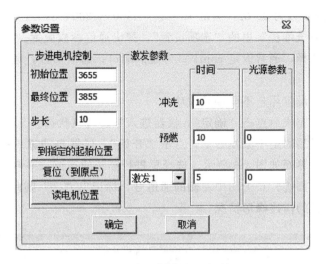

图 4-4 描迹参数设置对话框

图 4-5 电机位置显示对话框

上述参数不要随意改动。

点击"复位到原点",点击"OK",步进电机回零,稍等 20s 后进行下一步操作。

步进电机初始位置设定:在"起始位置"栏输入描迹起始位置,一般设置在原描迹位置后退 $100\sim150\mu m$ 即可,如,$4350-150=4200$。

步进电机终点位置设定:在"最终位置"栏输入最终位置,一般设置在原描迹位置前进 $100\sim150\mu m$ 即可,如,$4350+150=4500$。

步长指步进电机每记录一次强度所走的距离,一般设为 $10\mu m$,步数是电机记录强度值的次数(建议设置:步长×步数=终点值-起始值,若设定步长

为 $10\mu m$，则步数为 30 次，满足 $10\times30=4500-4200=300$）。

点击"系统维护"里的"选项设置"，弹出通信参数设置。

通信口选择，通常设定 com1 口为通信端口；通信参数，通信速率设置为 19200 比特。

以上两项设置用户不要随意改动。

全部设定完成后点击"确定"，仪器进入描迹待机状态。

将描迹样品固定于激发台上，点击"开始"，仪器自动进入描迹状态，描迹完成后结果界面如图 4-6 所示。选择要进行描迹的通道，一般选取试样中的内标元素进行描迹，点击图中左侧的通道号，标记出"√"则此通道打开，屏幕显示该通道的描迹峰形情况。

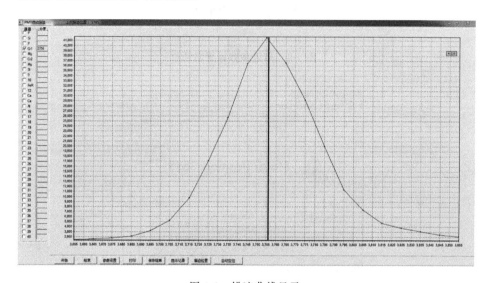

图 4-6　描迹曲线显示

描迹完成后，显示描迹曲线（即抛物线），点击下方"描迹位置"。

注意：峰不对称时，读取半高度与 X 轴交点的平均值，峰对称时可直接读取峰值。

读取峰值出现"描迹位置 xxxx"对话框后，点击"确定"，再点击"自动定位"即可。描迹自动定位完成后，关闭描迹软件，回到光谱分析界面。

（2）CCD 仪器描迹

选择分析程序主界面上的"系统维护"菜单，打开 CCD 描迹界面，如图 4-7 所示。

点击"激发参数"出现描迹参数设置，如图 4-8 所示。设置氩气冲洗、预燃和激发时间，光源参数及单次积分时间，并点击"确定"，进入 CCD 描迹界面。

图 4-7　CCD 描迹界面

图 4-8　CCD 描迹参数设置

点击下方"检测 CCD",检查所有 CCD 通道是否正常打开,如因外界干扰因素导致个别 CCD 通道未检测到,应把仪器重新断电后再打开,约等待 30s 后重新检测 CCD。

点击 CCD 描迹主界面的"开始"命令,仪器就自动进入描迹状态,在描迹结束后,逐个读取 CCD 描迹结果,显示在描迹主界面上。

通过选中需要保存的谱线(在其前面方框内打钩),点击"保存谱线",打开保存对话框,输入文件名,将选中的谱线结果保存在文件名+CCD 号对应的文件中。如选中保存 CCD1、CCD2 和 CCD3，输入文件名为"Fe"，则这三块 CCD 的描迹结果将分别保存到文件"Fe_1.asc""Fe_2.asc""Fe_3.asc"中。

4.1.3.2 标准化

标准化是通过测量标准化样品的元素强度对元素工作曲线进行修正的一种方法。

仪器的工作条件受多种因素的影响，仪器工作环境（温、湿度）的变化，氩气纯度、压力（流量大小）的变化，样品磨制表面的差异，分析人员操作技能的不同，透镜的污染、系统的老化、光学系统能量的衰减等，都可能造成仪器工作曲线的漂移，表现为不同时期对同一样品的检测结果有所不同，因此应根据仪器的实际使用情况，适时进行标准化。使之能在一段时间内保持相对稳定的工作状态，满足用户的使用需求。

标准化操作通过操作功能键或下拉菜单来实现，按下 F7 或点击"测量"菜单中的"标准化"即可进入标准化程序，如图 4-9 所示。

图 4-9　标准化程序界面

点击"确定"进入标准化测量程序，如图 4-10 所示，选中的标准化样品就出现在测量程序中，显示状态为"标准化"，显示内容为"原始强度比"，被测量的样品名称自动进入样品"品名规格"栏中。

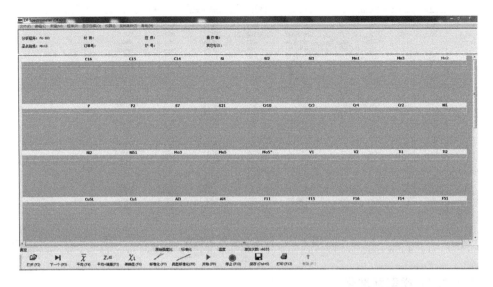

图 4-10　标准化测量窗口

元素被标定的低标以蓝色显示,高标以红色显示,未参加标定的元素颜色不变,点击"开始"或按下〈F9〉功能键激发所选择的标准化样品。

注意:

① 每次激发应注意观察激发点的好坏,仔细倾听激发声音有无异常。

② 激发 2~3 点后,被标定通道数据的精密度符合要求时〔相对标准偏差(RSD)<1.5%,含量低的元素可放宽至 3% 或 5%〕,可点击"下一个"或直接按 F3 键进行下一块样品的测量。

③ 若平行测量精密度较差,则应删除异常值并多次激发,直至满足要求。

精密度数据的好坏与氩气纯度、分析试样表面的光洁程度以及样品的均匀性有着直接的关系,并且要求标定元素的通道应有良好的稳定性。

所有标准化样品激发完毕后,点击"下一个"或按下 F3 功能键,结束标准化测量,回车或点击"OK",计算机计算完毕后,弹出标准化参数对话框,如图 4-11 所示。如果标准化系数正常在 0.5~2.5 范围内,则点击"接受",程序进入正常测量状态。

注意:正常情况下,标准化系数应在 1 附近,如系数偏移较大,甚至超出 0.5~2.5 范围时,说明测量结果的修正量较大,测量的误差也较大,此时应立即查找原因,并对仪器进行维护和描迹后(清理激发台,擦透镜等)再重新进行标准化操作。

通道	低含量标样	高含量标样	方法	偏移量	系数	低标标准值	低标实际值	高标标准值	高标实际值
C 16	GZ2c	GZ1c	2点	-17066.87	1.4427	35625.7	36523.8	175975.4	133806.8
C 15	GZ2c	GZ1c	2点	-18853.76	1.4816	37187.2	37825.1	179841.6	134110.4
C 14	GZ2c	GZ1c	2点	-16483.87	1.3652	35937.5	38397.2	177843.1	142338.9
Si	GZ2c	GZ1c	2点	-14646.56	1.2242	34286.4	39970.6	136691.0	123619.2
Si2	GZ1c	GZ2c	2点	-3306.34	0.8560	32141.3	41410.3	110135.5	132523.8
Si3	GZ2c	GZ1c	2点	-13585.30	1.2644	91684.2	83257.8	222955.2	187080.2
Mn1	GZ1c	GZ2c	2点	-2430.16	0.8294	16800.2	23185.6	178644.2	218317.3
Mn3	GZ1c	GZ2c	2点	-2604.20	0.8317	31516.9	41025.6	256137.8	311098.9
Mn2	GZ2c	Mn13	2点	-4049.12	1.0871	79239.0	76616.5	295894.2	275917.0
P	GZ2c	GZ1c	2点	2414.61	0.6524	12613.8	15634.4	15205.5	19607.2
P2	GZ2c	GZ1c	2点	-7629.68	1.3404	14553.2	16549.5	25275.5	24548.9
S7	GZ2c	GZ1c	高标	0.00	0.7915	20416.0	17022.0	18229.8	23032.7
S21	GZ2c	GZ1c	高标	0.00	0.6194	15760.2	18151.8	13742.3	22185.7
Cr 10	GZ2c	GZ1c	2点	-4826.27	1.1026	29552.2	31178.8	228613.0	211712.4
Cr3	GZ2c	GZ1c	2点	-1763.19	0.9117	8696.6	11472.8	43474.9	49619.1
Cr4	GZ2c	GZ1c	2点	-2411.05	0.9403	14727.2	18226.2	38504.8	43513.3
Cr2	GZ2c	GZ1c	2点	-1969.64	0.9293	7732.8	10440.7	18500.7	22027.8
Cr12	GZ2c	GZ1c	2点	-2587.11	0.8255	7831.9	12621.7	41958.0	53962.4
Ni1	GZ1c	GZ2c	2点	-291.36	1.4700	68768.3	46979.8	382979.0	260730.5
Ni2	GZ1c	GZ2c	2点	-11955.86	1.0344	63027.7	72490.3	84821.8	93559.8
Ni51	GZ2c	GZ1c	2点	-7851.77	1.0160	118085.0	123954.6	216363.0	220685.8
Mo3	GZ2c	GZ1c	2点	-16519.21	2.8658	12854.7	10249.9	34230.0	17708.6
Mo5	GZ2c	GZ1c	2点	-2361.67	0.9207	16863.9	20880.7	32518.8	37883.3
Mo5*	GZ2c	GZ1c	2点	-2392.07	0.9078	16488.3	20798.9	32809.6	38778.8
V1	GZ2c	GZ1c	2点	-2523.81	1.0499	19982.2	21436.6	136935.4	132832.4

图 4-11　标准化参数对话窗口

4.1.3.3　类型标准化

分析程序下个别元素的分析范围较宽泛，或存在叠加干扰、基体效应等影响时，仪器标准化后控制样品的分析数据仍有一定偏差的话，此时应进行类型标准化。

类型标准化是对元素分析通道的工作曲线进行局部修正的一种方法。可有效校准各种干扰对分析结果造成的影响。

（1）操作步骤

打开"程序"下拉菜单，点击"修改程序参数"菜单项，出现分析程序设置窗口，如图 4-12 所示。选择"类型标准化样品"页面，选中样品，点击"编辑"，可进行编辑；点击"添加"，可添加新样品；点击"确定"，保存数据，或点击"取消"不保存数据。

（2）类型标准化样品浓度输入

点击"程序"界面，选择"修改程序参数"菜单下的"类型标准化样品"，输入样品名称；点击"确定"。点击"类型标准化参数"，出现类型标准化参数的输入界面如图 4-13 所示；点击"添加"增加元素，点击"添加"按钮，出现可编辑区域，选择要输入的元素（键入元素符号即选中该元素），按顺序输入"实际浓度"等信息，选择修正方法，元素浓度大于 0.1% 时通常采用加和修正平移；浓度小于 0.1% 则采用乘积修正，全部输入完成后点击"确定"。保存结果，退出数据库的编辑状态，类型标准化样品浓度输入完毕。点击"编辑"可实现元素浓度信息的修改，点击"删除"可删除元素。编辑时，点击

　光电光谱分析技术与应用

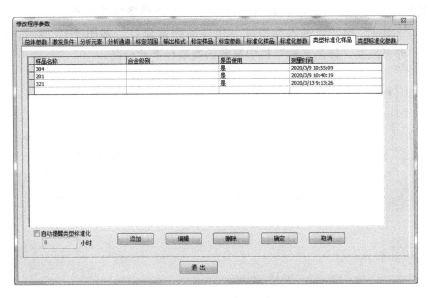

图 4-12　类型标准化样品选择界面

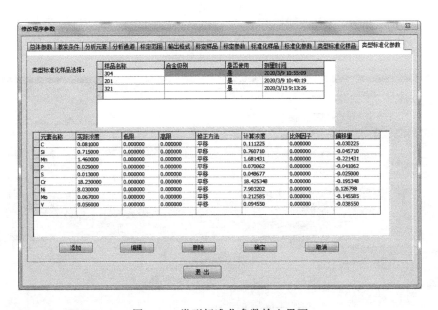

图 4-13　类型标准化参数输入界面

"取消"将不保存编辑结果。

（3）类型标准化测量

在分析窗口界面下点击"类型标准化"图标，或按下〈F8〉功能键，弹出类型标准化测量对话框，如图 4-14 所示。选择类型标准化样品，点击"是"或按"Enter"键，则进入类型标准化样品测量窗口，如图 4-15 所示。按下〈F9〉即可激发"样品名称"栏中显示的类型标准化样品。

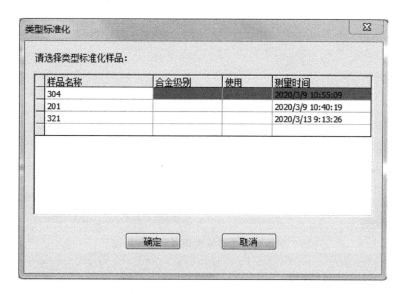

图 4-14　类型标准化测量对话框

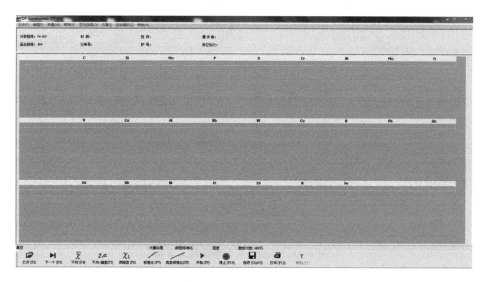

图 4-15　类型标准化测量窗口

　　注意：同标准化类似，控制样品的精密度一般要求相对强度的 RSD＜1.5％，含量较低的元素可适当放宽至 3％或 5％。

按下〈F4〉键或点击"平均"计算数据的平均值，点击"下一个"或按下〈F3〉键结束类型标准化。

点击"确定"显示类型标准化测量结果。若比例系数接近1，且偏移量较小时，点击"接受"，完成类型标准化测量；若偏移量较大，可从以下几点查找原因：①标准化效果不好；②类型标准化样品激发效果差（漏气、偏析等原因）；③测量次数偏少；④分析程序选择不正确；⑤类型标准化样品的选择不合适。

4.1.3.4 持久曲线人工修正

工作曲线除了通过以上的3种软件校准方法以外，还可以人工手动进行修正。

持久曲线人工修正是通过分析软件灵活地进行个别元素准确度修正的一种最简单的方法。当个别元素含量有偏差，而其他元素结果准确时，可通过修改标准化参数实现元素含量的修正，修改标准化参数界面如图4-16所示。

通道	低含量标样	高含量标样	方法	偏移量	系数	低标标准值	低标实际值	高标标准值	高标实际值
C16	S2a	S1a	2点	-9769.80	1.4132	42938.2	37296.5	10920.4	14640.5
C15	S2a	S1a	2点	-12803.19	1.6584	42225.8	33182.5	10628.5	14129.4
C14	S2a	S1a	2点	-10055.75	1.3331	42966.5	39773.7	10528.7	15141.1
Si	S2a	S1a	2点	-8368.57	1.2454	72877.8	65236.6	10082.0	14814.8
Si2	S2a	S1a	2点	-1554.80	0.8578	65546.7	78223.3	10597.6	14166.6
Si3	S2a	S1a	2点	-5453.87	1.2450	100188.2	84854.8	27274.3	26288.2
Mn1	S1a	S2a	2点	-3163.92	0.9018	9364.3	13892.2	80493.2	92764.8
Mn3	S1a	S2a	2点	-2942.56	0.9065	16851.1	21832.9	115087.1	130189.6
Mn2	S2a	Mn13	2点	-4383.36	1.1244	33808.1		100876.7	93610.9
P	S1a	S2a	高标	0.00	0.8020	4571.3	7613.2	9970.2	12432.0
P2	S1a	S2a	2点	-447.65	0.9196	8492.2	9721.9	11321.7	12798.9
S7	S2a	S1a	2点	-4091.27	1.1387	10284.2	12624.5	3995.0	7101.3
S21	S2a	S1a	2点	-3953.23	0.8860	8824.0	14420.5	3624.6	8552.4
Cr10	S1a	S2a	2点	-12064.02	1.1656	120608.8	113824.5	278411.1	249208.6
Cr3	S2a	S2a	2点	-5022.83	1.0650	27035.8	30101.0	108272.6	106377.0
Cr4	S1a	S2a	2点	-4180.84	1.0547	25840.3	28465.2	91263.7	90498.0
Cr2	S2a	S1a	2点	-2927.81	1.0813	10612.6	12521.9	40692.3	40339.1
Ni1	S2a	S1a	2点	-16469.91	1.6720	400361.6	249303.3	158741.9	104792.6
Ni2	S2a	S1a	2点	-3388.47	1.0005	72054.9	75404.7	35016.4	38385.2
Ni51	S2a	S1a	2点	-16514.81	1.1662	192617.2	179327.5	72509.8	76337.3
Mo3	S1a	S2a	2点	-8498.41	2.4806	5609.3	5687.3	40063.5	19576.9
Mo5	S1a	S2a	2点	-2567.42	0.9912	6110.5	8755.3	35791.7	38701.2
Mo5*	S1a	S2a	2点	-2669.74	0.9864	6112.0	8902.8	35915.2	39117.0
V1	S2a	S1a	2点	-3040.95	1.0803	68747.2	66452.2	12481.4	14368.6
V2	S2a	S1a	2点	-2762.63	1.1151	51503.6	48666.5	9302.7	10820.3

打印　　确定　　取消

图4-16 修改标准化参数界面

具体修正方法为：

① 当低标元素测得值偏低，希望结果升高时，则修正低标的标准值使之变大，浓度值也会随着修正量的变大而相应升高。

② 当高标元素测得值偏低，希望结果升高时，则修正高标的标准值使之变大，浓度值也会随着修正量的变大而相应升高。

③ 当低标元素测得值偏高，希望结果降低时，则修正低标的标准值使之变小，浓度值也会随着修正量的变小而相应降低。

④ 当高标元素测得值偏高，希望结果降低时，则修正高标的标准值使之变小，浓度值也会随着修正量的变小而相应降低。

注意：

① 修正前必须先进行标准化。

② 修正方法仅适用于个别元素有干扰，或激发参数对个别元素分析不太合适的情况，鉴于此，持久曲线人工修正是对仪器标准化的一个补充。

③ 持久曲线修正有时会反复进行，直至分析结果准确无误。

4.1.3.5　控制样品人工修正

（1）适用范围

控制样品修正是对类型标准化的一个补充，往往在以下 4 种情况下采用：

① 分析样品成分与所选分析程序不完全一致，个别元素有较大偏差时。

② 分析样品需快速出结果而来不及作类型标准化时。

③ 对于超低或超高含量元素的分析，仪器的长期稳定性不十分理想时。

④ 要求对个别重要的元素进行监控时。

（2）操作方法

先分析待测样品，然后选取与分析样品中待测元素含量相接近的标准样品进行分析，并按如下公式进行修正：

$$校准值＝标准样品标称值－标准样品分析值$$

$$样品报出值＝样品分析值＋校准值$$

如某标准样品中 As 的含量为 0.021％，分析值 0.019％，则校准值为：

$$0.021％－0.019％＝0.002％$$

若待测样品中 As 的分析结果为 0.016％，则分析结果报出值为：

$$0.016％＋0.002％＝0.018％$$

控制样品人工修正法直观、简单，在实际工作中有着广泛的应用。

4.1.4　样品的测量

4.1.4.1　输入样品标识

样品标识显示在分析窗口的顶端，可以通过直接点击材质框、按下〈F3〉

功能键，或点击"编辑"菜单下的"修改样品参数"，打开样品参数编辑对话框，如图4-17所示，对样品参数信息进行编辑。

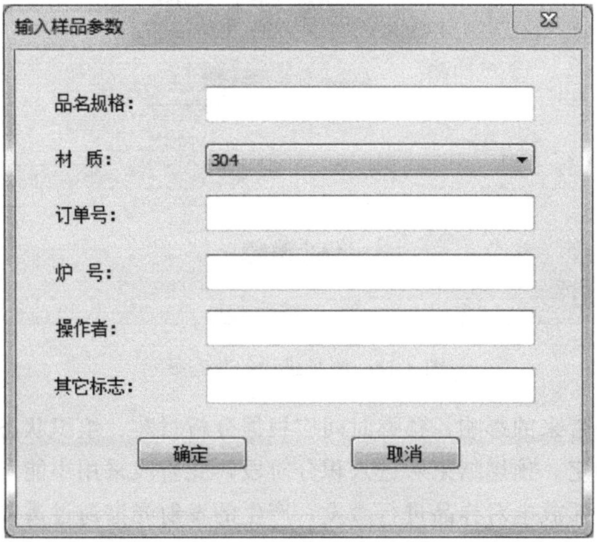

图 4-17　样品参数输入界面

在对应的输入区内输入样品信息，全部输入完后点击"确定"按钮，输入的内容即显示在测量界面中。此时仪器处于待分析状态，如果测试开始后，发现试样标识存在错误，可随时进行修改。

4.1.4.2　样品的测量

将制备好的试样分析面朝下放置于激发台上，使其完全覆盖住激发孔，并与激发台面完全密合，调节试样夹使压杆的高度与角度适合试样的高度，固定试样。为使试样的安全闭合回路接通，试样夹必须与试样紧密接触，以确保试样与大地电位相同。

按下〈F9〉功能键或用鼠标点击"开始〈F9〉"，弹出测量进程对话框，如图4-18所示。仪器开始激发，屏幕上即刻显示光源激发状态。也可用下拉菜单启动测量，点击菜单"测量"，选择"开始"后单击。

分析人员可根据进度条判断光源当前所处的状态，光源激发时有三种状态：氩气冲洗、预燃和积分。氩气冲洗的目的是排除火花台内的空气或残余的 O_2 分子，保证火花台内的激发氛围。预燃阶段的主要作用是通过高能火花将试样磨面熔融，消除由于试样表面污染、元素含量不均、组织状态不一致等因

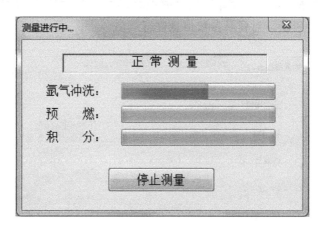

图 4-18　测量进程的状态显示

素对测量结果带来的影响。预燃时间应根据分析材料、组织状态不同等因素由条件试验来确定。预燃结束后进入积分阶段，此阶段采用小能量火花放电、电弧放电或类电弧放电对样品进行激发，产生的发射光谱通过透镜聚光后进入光学室。

　　测量期间，如果抬起试样夹，激发则立即停止，点击"停止"图标或按下〈F10〉功能键也可以终止测量。激发完毕，分析结果显示在屏幕上，如图 4-19所示。

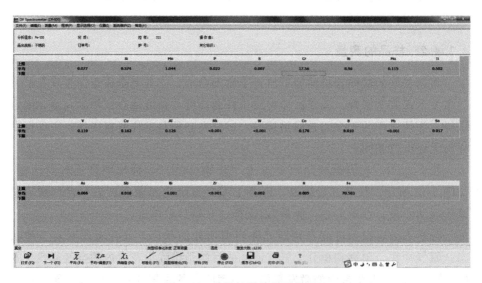

图 4-19　分析结果的显示界面

光电光谱分析技术
与应用

4.1.4.3 分析数据的检查

每完成一次激发，分析结果随即显示在所对应的元素下面，能否通过求取多次激发数据获得最终的分析结果，取决于以下 6 点。

① 样品制备应符合要求，确保无杂质、裂纹、油污，纹理清晰、平整。

② 通过激发声音判断样品激发是否正常。

③ 观察样品激发点是否正常。

④ 观察同一试样采集的数据精密度是否正常，可适当删除异常值。

⑤ 利用控制样品或标准样品验证分析数据的准确性，如控制样品或标准样品相差很小，可进行平均、打印和传输数据，否则需对仪器进行校准，重新测量。

⑥ 如样品分析中间有较长时间间隔（超过 2h），则下次分析前应重新对仪器进行预热。

4.1.4.4 分析结果存储

点击"文件"菜单下的"存储"，可将分析结果存储在数据库中。已存储的分析数据，可通过菜单"系统维护"下的"分析结果查询"打开和查看，如图 4-20 所示。

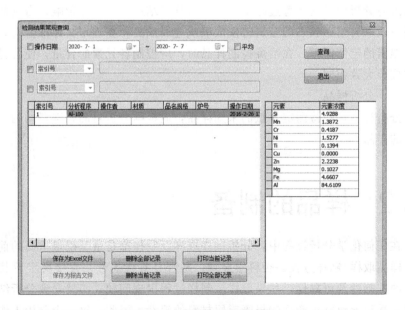

图 4-20 分析结果查询界面

4.1.5 光谱分析涉及的四类样品

（1）标准样品

标准样品（standard sample）主要用于绘制工作曲线，其化学性质和组织结构应与分析样品相近似，应尽可能覆盖所有分析元素的含量范围并保持适当的梯度，分析元素的含量应用准确可靠的方法定值（一般采用国标方法）。

如果标准样品选择不合适，往往会导致工作曲线拟合线性不好，从而影响分析结果的准确性，因此对标准样品的选择应充分注意。在绘制工作曲线时，通常使用若干分析元素含量不同的标准样品作为一个系列，其组成和冶炼过程最好与分析样品近似。

（2）标准化样品

标准化样品（standardization sample）用于修正由于各种原因引起的仪器测量值对校准曲线的偏离。标准化样品要求质地均匀，并能得到稳定的谱线强度。

（3）控制样品

控制样品应与分析样品具有相近的化学成分和组织结构，有时市售的控制样品因与分析样品的冶炼过程不同，会对分析结果产生一定影响。自制的控制样品一般取自熔融状态的金属铸模成型或金属成品，在确定其标准值时，应注意标准值的定值误差。在冶炼控制样品时，应控制各元素的含量，使各样品的基体成分大致相同。

（4）分析样品

分析样品，即待测定含量的未知样品，应根据分析目的，选择均匀、有代表性的样品。

4.2 样品的制备

在任何化学分析过程中，分析试样取样及制样都是最基础最重要的前提步骤，样品取样/制样过程是否科学合理，是否具有代表性，直接决定着其分析结果的准确性及可靠性。如果取样、制样过程出现问题，必然导致分析结果的错误，甚至导致整批产品的报废或原材料的浪费。因此，每一个分析工作者必须重视样品的制备工作。

金属及其合金的光电直读光谱分析，通常以试样本身作为样品电极来进行光谱分析。试样分析表面必须先经过预处理，以制备出合格的激发平面。有时受冶炼工艺及样品性质的影响，出现样品表面元素含量与其内部含量不一致的情况，此时应将试样表面的不均匀成分去掉，并采取适当的措施，防止其化学成分再次发生改变。各类金属及其合金的性质不同，所采用的制备方法也不尽相同，制取 Fe、Co、Ni、Cr 等硬质金属及其合金试样时，最便捷常用的方法是用砂轮机将样品表面磨制出一个光洁的平面。对于 Al、Cu、Pb、Zn 等硬度低的有色金属，可用车床或铣床车铣出一个光洁的平面。切记在样品制备过程中要保证样品的化学成分不发生变化，并且制备好的样品一定不要用手接触其待测表面，以防止样品表面污染，影响测量结果的准确度。样品制备过程中还要注意避免因局部过热造成的样品表面氧化变质等情况。

在光电直读光谱分析过程中，应根据分析目的和试样性质选择研磨材料的种类和粒度，所选磨料应避免对样品表面产生污染，磨料的粒度应与分析方法所需的表面光洁度相匹配。对于光电直读光谱分析来说，所用的磨料粒度一般在 0.25~0.124mm 比较合适。

制备好的光谱分析试样应首先观察其表面是否光滑、平整，保证没有对分析结果准确度产生不利影响的缺陷，如果存在这种缺陷，应该重新处理表面或直接放弃使用。

金属材料取样与制样相关的国家标准或行业标准主要有：① GB/T 20066—2006《钢和铁 化学成分测定用试样的取样和制样方法》，②GB/T 5678—2013《铸造合金光谱分析取样方法》，③GB/T 17432—2012《变形铝及铝合金化学成分分析取样方法》，④GB/T 31981—2015《钛及钛合金化学成分分析取样方法》，⑤ GB/T 26043—2010《锌及锌合金取样方法》，⑥GB/T 17373—1998《合质金化学分析取样方法》，⑦SN/T 2412.3—2010《进出口钢材通用检验规程第 3 部分：取样部位和尺寸》，⑧YS/T 668—2008《铜及铜合金理化检测取样方法》，⑨HB/Z 2018—1991《有色金属材料光谱分析用试样的取样规范方法》。

以钢铁材料为例，取样与制样的一般规定为：

① 钢液取样之前，必须进行充分的搅拌，使钢中各元素分布均匀，有充分的代表性。

② 用钢勺取样后，可往勺中插入少量的金属铝丝进行脱氧，这样钢液凝固时结晶细微，减少钢中气孔。

③ 取样钢模要求清洁，防止其他杂质带入试样模中，造成分析结果不

准确。

④ 制样工作者要认真遵守制样规程和设备维护、安全使用规程等，确保试样加工的质量，把好分析检验的第一关。

⑤ 制备试样必须避免油污、灰尘和其他杂质带入，所用工具、设备和环境等都必须保持整洁。

⑥ 加工钢样经砂轮片切割后，试样内部应无气孔、裂纹、夹杂等，如有严重的缺陷应该重新取样。

⑦ 试样收发要按规定进行，加工完的块状样品均须贴标签并注明炉号、炉次、钢样名称、委托单位、分析项目、委托日期、分析班次等，为了便于复验，剩余试样应按相关规定留存。

4.3 常见金属材料的光谱分析方法

光电直读光谱仪主要应用于金属材料的分析，其中最广泛的应用领域是钢铁行业，其次还有铜及铜合金材料、铝及铝合金材料以及锌及锌合金材料、镁及镁合金材料、铅及铅合金材料，甚至贵金属分析领域等。

4.3.1 钢铁材料分析

钢、铁同属于铁基合金，根据碳含量的高低来进行区分：通常含碳量大于2.14%的为铁（或铸铁），含碳量低于这一标准的为钢。

根据材料中各元素含量范围的不同，钢可分为碳钢和合金钢。碳钢是指除基体元素外主要含 C、Si、Mn、P、S 等五种元素的钢，也叫普碳钢或碳素钢。按含碳量的不同，碳素钢分为低碳钢（碳含量≤0.25%）、中碳钢（碳含量为 0.25%～0.6%）和高碳钢（碳含量≥0.6%），随着碳含量的升高，碳钢的硬度也随之增强，但韧性下降。为使钢的性能进一步增强，在碳素钢的基础上又加入了 Cr、Ni、Cu、W、Mo、V、Ti、Al 等合金元素而炼成的钢，称为合金钢。按其合金元素总含量的高低，分为低合金钢、中合金钢和高合金钢。低合金钢的合金元素总含量小于 5%；中合金钢中合金元素总含量在 5%～10%；高合金钢的合金元素总含量大于 10%。在直读光谱分析中，不同材料在不同的分析程序中进行，所以按照元素含量对材料进行分类更具实际意义。

铁基材料相关的光电直读光谱分析标准主要有 GB/T 4336—2016《碳素钢

和中低合金钢 多元素含量的测定 火花放电原子发射光谱法（常规法）》，GB/T 11170—2008《不锈钢 多元素含量的测定 火花放电原子发射光谱法（常规法）》，GB/T 24234—2009《铸铁 多元素含量的测定 火花放电原子发射光谱法（常规法）》以及 SN/T 2489—2010《生铁中铬、锰、磷、硅的测定 光电发射光谱法》等，基本可以覆盖各类铁基样品的光电直读光谱分析方法，下面分别进行简要介绍。

2016 年发布并实施的国家标准 GB/T 4336—2016《碳素钢和中低合金钢 多元素含量的测定 火花放电原子发射光谱法（常规法）》规定了火花放电原子发射光谱法（常规法）测定碳素钢和中低合金钢中碳、硅、锰、磷、硫、铬、镍、钨、钼、钒、铝、钛、铜、铌、钴、硼、锆、砷、锡等 19 种元素含量的方法，适用于电炉、感应炉、电炉渣、转炉等铸态或锻轧的碳素钢和中低合金钢样品的分析，各元素的测定范围见表 4-11。

表 4-11 碳素钢及中低合金钢中各元素测定范围

元素	测定范围（质量分数）/%	元素	测定范围（质量分数）/%
C	0.03～1.3	Al	0.03～0.16
Si	0.17～1.2	Ti	0.015～0.5
Mn	0.07～2.2	Cu	0.02～1.0
P	0.01～0.7	Nb	0.02～0.12
S	0.008～0.05	Co	0.004～0.3
Cr	0.1～3.0	B	0.0008～0.011
Ni	0.009～4.2	Zr	0.006～0.07
W	0.06～1.7	As	0.004～0.014
Mo	0.03～1.2	Sn	0.006～0.02
V	0.1～0.6		

注：标准推荐的分析条件为：分析间隙，3～6mm；氩气流量，冲洗 3～15L/min，测量 2.5～10L/min，静止 0～1L/min；预燃时间，3～20s；积分时间，2～20s；放电形式，预燃期间高能放电，积分期间低能放电。

2008 年发布，2009 年实施的国家标准 GB/T 11170—2008《不锈钢 多元素含量的测定 火花放电原子发射光谱法（常规法）》规定了火花放电原子发射光谱法测定碳、硅、锰、磷、硫、铬、镍、钼、铝、铜、钨、钛、铌、钒、钴、硼、砷、锡、铅等 19 种元素含量的测定方法，适用于各类不锈钢的测定，其测定范围见表 4-12。

表 4-12　不锈钢中各元素测定范围

元素	测定范围(质量分数)/%	元素	测定范围(质量分数)/%
C	0.01~0.30	W	0.05~0.80
Si	0.10~2.00	Ti	0.03~1.10
Mn	0.10~11.00	Nb	0.03~2.50
P	0.004~0.050	V	0.04~0.50
S	0.005~0.050	Co	0.01~0.50
Cr	7.00~28.00	B	0.002~0.020
Ni	0.10~24.00	As	0.002~0.030
Mo	0.06~3.50	Sn	0.005~0.055
Al	0.02~2.00	Pb	0.005~0.020
Cu	0.04~6.00		

注：标准推荐的分析条件为：分析间隙，3~6mm；氩气流量，冲洗 6~15L/min，测量 2.5~7L/min，静止 0.5~1L/min；预燃时间，2~20s；积分时间，2~20s；放电形式，预燃期间高能放电，积分期间低能放电。

2009 年发布，2010 年实施的国家标准 GB/T 24234—2009《铸铁 多元素含量的测定 火花放电原子发射光谱法（常规法）》规定了火花放电原子发射光谱法测定白口铸铁中碳、硅、锰、磷、硫、铬、镍、钼、铝、铜、钨、钛、铌、钒、硼、砷、锡、镁、镧、铈、锑、锌和锆等 23 个元素含量的测定方法，适用于白口化后的铸铁样品的分析，其含量测定范围见表 4-13。

表 4-13　铸铁中各元素测定范围

元素	测定范围(质量分数)/%	元素	测定范围(质量分数)/%
C	2.0~4.50	Nb	0.02~0.70
Si	0.45~4.00	V	0.01~0.60
Mn	0.06~2.00	B	0.005~0.200
P	0.03~0.80	As	0.01~0.09
S	0.005~0.20	Sn	0.01~0.40
Cr	0.03~2.90	Mg	0.005~0.100
Ni	0.05~1.50	La	0.01~0.03
Mo	0.01~1.50	Ce	0.01~0.10
Al	0.01~0.40	Sb	0.01~0.15
Cu	0.03~2.00	Zn	0.01~0.035
W	0.01~0.70	Zr	0.01~0.05
Ti	0.01~1.00		

注：标准推荐的分析条件为：分析间隙，3~6mm；氩气流量，冲洗 3~15L/min，测量 2.5~15L/min，静止 0.5~1L/min；预燃时间，5~20s；积分时间，2~20s；放电形式，预燃期间高能放电，积分期间低能放电。

2010 年发布并实施的中华人民共和国出入境检验检疫行业标准 SN/T 2489—2010《生铁中铬、锰、磷、硅的测定 光电发射光谱法》规定了光电发射光谱法测定生铁中铬、锰、磷、硅含量的方法，测定范围见表 4-14。

表 4-14　生铁中各元素测定范围

元素	测定范围(质量分数)/%	元素	测定范围(质量分数)/%
Cr	0.008~9.0	P	0.002~1.0
Mn	0.002~2.0	Si	0.2~3.5

4.3.2　铜及铜合金材料分析

铜是人类最早使用的金属，在自然界中，铜既以矿石的形式存在，也以金属形式存在，纯铜及其合金广泛应用于轻工、电气、机械制造、建筑工业及国防工业等多个领域。工业上常将铜及铜合金分为纯铜、黄铜、青铜和白铜四类。

目前，与铜及铜合金相关的光电直读光谱分析标准主要有 YS/T 482—2005《铜及铜合金分析方法 光电发射光谱法》，YS/T 464—2003《阴极铜直读光谱分析方法》，SN/T 2260—2010《阴极铜化学成分的测定 光电发射光谱法》，SN/T 2083—2008《黄铜分析方法 火花原子发射光谱法》等。

2005 年发布并实施的有色金属行业标准 YS/T 482—2005《铜及铜合金分析方法 光电发射光谱法》中规定了采用发射光谱法测定铜及铜合金中铅、铁、铋、锑、砷、锡、镍、锌、磷、硫、锰、硅、铬、铝、银、锆、镁、碲、硒、钴、镉等 21 种合金元素及杂质元素的含量，可分析 GB/T 5231—2012《加工铜及铜合金牌号和化学成分》中 60 多个合金牌号的化学成分及 ISO、ASTM、JIS、BS 等标准中的数百个合金牌号化学成分的分析，铜及铜合金中各元素的测定范围见表 4-15。

表 4-15　铜及铜合金中各元素测定范围

元素	测定范围(质量分数)/%	元素	测定范围(质量分数)/%
Pb	0.0005~5.00	Si	0.0005~6.00
Fe	0.0005~8.00	Cr	0.0002~1.60
Bi	0.0002~0.10	Al	0.0005~15.00
Sb	0.0004~0.50	Ag	0.0005~0.20
As	0.0005~0.20	Zr	0.0005~1.00
Sn	0.0005~15.00	Mg	0.0010~0.50

元素	测定范围(质量分数)/%	元素	测定范围(质量分数)/%
Ni	0.0005～30.00	Te	0.0005～0.15
Zn	0.0005～35.00	Se	0.0005～0.10
P	0.0005～0.50	Co	0.0005～1.00
S	0.0005～0.050	Cd	0.0005～0.10
Mn	0.0002～10.00		

2019 年发布并实施的有色金属行业标准 YS/T 464—2019《阴极铜直读光谱分析方法》规定了采用直读光谱法测定阴极铜中砷、锑、铋、硫、硒、碲、铁、银、锡、镍、铅、锌、铬、镉、钴、硅、磷和锰等 18 种元素的含量,其测定范围见表 4-16。

表 4-16　阴极铜中各元素测定范围 (一)

元素	测定范围(质量分数)/%	元素	测定范围(质量分数)/%
As	0.00005～0.0030	Sb	0.00010～0.0030
Bi	0.00005～0.0010	S	0.00020～0.0080
Se	0.00005～0.0020	Te	0.00015～0.0030
Fe	0.00010～0.0050	Ag	0.00010～0.0050
Sn	0.00005～0.0030	Ni	0.00005～0.0050
Pb	0.00010～0.0050	Zn	0.00010～0.0050
Cr	0.00010～0.0030	Cd	0.00005～0.0030
Co	0.00005～0.0030	Si	0.00010～0.0030
P	0.00005～0.0050	Mn	0.00005～0.0020

2010 年发布并实施的中华人民共和国出入境检验检疫行业标准 SN/T 2260—2010《阴极铜化学成分的测定　光电发射光谱法》规定了用光电发射光谱分析方法测定高纯阴极铜和标准阴极铜中砷、锑、铋、硫、硒、碲、铁、银、锡、镍、铅、锌、铬、镉、钴、硅、磷和锰等 18 种元素的含量,其测定范围见表 4-17。

表 4-17　阴极铜中各元素测定范围 (二)

元素	测定范围(质量分数)/%	元素	测定范围(质量分数)/%
As	0.00001～0.0150	Sb	0.00001～0.0200
Bi	0.00001～0.0050	S	0.00001～0.0100
Se	0.00001～0.0050	Te	0.00001～0.0100

元素	测定范围(质量分数)/%	元素	测定范围(质量分数)/%
Fe	0.00001~0.0100	Ag	0.0010~0.0100
Sn	0.00001~0.0100	Ni	0.00001~0.0100
Pb	0.00001~0.0100	Zn	0.00010~0.0100
Cr	0.00001~0.0100	Cd	0.00010~0.0050
Co	0.00010~0.0100	Si	0.00010~0.0100
P	0.00010~0.0100	Mn	0.00010~0.0050

　　2008 年发布并实施的中华人民共和国出入境检验检疫行业标准 SN/T 2083—2008《黄铜分析方法 火花原子发射光谱法》规定了黄铜中铝、砷、铍、铋、铁、锰、镍、磷、铅、锑、锡、锌等 12 种元素含量的火花原子发射光谱分析方法,其测定范围见表 4-18。

表 4-18　黄铜中各元素测定范围

黄铜种类	分析元素	测定范围/%
普通黄铜	As	0.0053~0.100
	Bi	0.00076~0.0075
	Fe	0.016~0.427
	P	0.00178~0.0294
	Pb	0.0082~0.591
	Sb	0.0017~0.028
	Zn	3.06~41.04
铁黄铜	Al	0.059~1.50
	Bi	0.00098~0.0096
	Fe	0.17~1.54
	Mn	0.11~3.31
	Pb	0.069~1.37
	Sb	0.0030~0.040
	Sn	0.18~1.48
铝黄铜	As	0.0104~0.119
	Be	0.0028~0.039
	Bi	0.00085~0.0097
	Fe	0.023~0.27
	P	0.002~0.11
	Pb	0.017~0.15

黄铜种类	分析元素	测定范围/%
铝黄铜	Sb	0.006～0.12
铅黄铜	Al	0.128～0.602
	Bi	0.0013～0.0063
	Fe	0.021～0.654
	P	0.0136～0.0559
	Sb	0.0055～0.0286
锰黄铜	Bi	0.00117～0.0118
	Fe	0.0295～1.22
	P	1.32～3.15
	Pb	0.0055～0.0299
	Sb	0.0039～0.0209
锡黄铜	Al	0.0022～0.344
	As	0.0069～0.085
	Bi	0.00087～0.0080
	Fe	0.026～0.274
	Mn	0.0081～0.340
	Ni	0.181～1.80
	P	0.0043～0.030
	Pb	0.0112～0.135
	Sn	0.182～1.82
	Zn	21.26～29.72

4.3.3 铝及铝合金材料分析

纯铝是银白色金属，密度小，仅为 $2.7g/cm^3$，导电率高，仅次于金、银、铜，居第四位，熔点为 660℃，工业用的铝合金随其中所含合金元素的不同，熔点在 482～660℃ 之间变化。铝具有热容量和熔化潜热高，耐腐蚀性好，以及在低温下能保持良好的力学性能等特点。铝及铝合金可分为工业纯铝、变形铝合金（又分为非热处理强化铝合金、热处理强化铝合金两类）和铸造铝合金。变形铝合金是指经不同压力加工方法（经过轧制、挤压等工序）制成的板、带、棒、管、型、条等半成品材料，铸造铝合金以合金铸锭供应，其详细分类及性能特点见表 4-19。

表 4-19　铝合金详细分类及其性能特点

分类		合金名称	合金系	性能特点	示例
变形铝合金	非热处理强化铝合金	防锈铝	Al-Mn	抗蚀性、压力加工性与焊接性能好,但强度低	3A21
			Al-Mg		5A05
	热处理强化铝合金	硬铝	Al-Cu-Mg	力学性能高	2A11,2A12
		超硬铝	Al-Cu-Mg-Zn	硬度强度最高	7A04,2A50
		锻铝	Al-Mg-Si-Cu	锻造性能好、耐热性能好	2A14,2A50
			Al-Cu-Mg-Fe-Ni		2A70,2A80
铸造铝合金		简单铝硅合金	Al-Si	铸造性能好、不能热处理强化,力学性能较高	ZL 102
		特殊铝硅合金	Al-Si-Mg	铸造性能良好、可热处理强化,力学性能较高	ZL 101
			Al-Si-Cu		ZL 107
			Al-Si-Mg-Cu		ZL 105,ZL 110
			Al-Si-Mg-Cu-Ni		ZL 109
		铝铜铸造合金	Al-Cu	耐热性能好、铸造性能与抗蚀性差	ZL 201
		铝镁铸造合金	Al-Mg	力学性能高、抗蚀性好	ZL 301
		铝锌铸造合金	Al-Zn	能自动淬火、宜于压铸	ZL 401
		铝稀土铸造合金	Al-Re	耐热性能好	—

在光电直读光谱分析中，铝及铝合金的测定方法一般按照 2015 年发布，2016 年实施的国家标准 GB/T 7999—2015《铝及铝合金光电直读发射光谱分析方法》进行，该标准适用于铝及铝合金中锑、砷、钡、铍、铋、硼、镉、钙、铈、铬、铜、镓、铁、铅、锂、镁、锰、镍、磷、钪、硅、钠、锶、锡、钛、钒、锌、锆等 28 个元素含量的测定，测定范围见表 4-20。

表 4-20　铝合金中各元素测定范围

元素	测定范围(质量分数)/%	元素	测定范围(质量分数)/%
Sb	0.0040～0.50	Li	0.0005～0.10
As	0.0060～0.050	Mg	0.0001～11.00
Ba	0.0001～0.005	Mn	0.0001～2.00
Be	0.0001～0.20	Ni	0.0001～3.00
Bi	0.0010～0.80	P	0.0005～0.0050
B	0.0001～0.0030	Sc	0.050～0.30
Cd	0.0001～0.030	Si	0.0001～15.00
Ca	0.0001～0.0050	Na	0.0001～0.0050
Ce	0.050～0.60	Sr	0.0010～0.50
Cr	0.0001～0.50	Sn	0.0010～0.50
Cu	0.0001～11.00	Ti	0.0001～0.50
Ga	0.0001～0.050	V	0.0001～0.20
Fe	0.0001～5.00	Zn	0.0001～13.00
Pb	0.0001～0.80	Zr	0.0001～0.50

4.3.4　锌及锌合金材料分析

锌合金是在锌的基础之上加入铝、铜、镁、镉、铅、钛等其他金属元素组成的具有一定特殊性能的合金。锌合金通常具有熔点低、流动性好、易熔焊等优点，在大气中耐腐蚀性好，残废料便于重熔和回收。按照制造工艺，锌合金通常可分为铸造锌合金和变形锌合金。

目前，采用光电直读光谱法分析锌及锌合金的国家标准或行业标准主要有：GB/T 26042—2010《锌及锌合金分析方法　光电发射光谱法》，YS/T 631—2007《锌分析方法　光电发射光谱法》，SN/T 2785—2011《锌及锌合金光电发射光谱分析》等。其中 2011 年发布并实施的国家标准 GB/T 26042—2010《锌及锌合金分析方法　光电发射光谱法》规定了锌及锌合金中铅、镉、铁、铜、锡、铝、镁等 7 种元素含量的分析方法，测定范围见表 4-21。

表 4-21 锌及锌合金中各元素测定范围（一）

元素	测定范围（质量分数）/%	元素	测定范围（质量分数）/%
Pb	0.0005～1.40	Sn	0.0002～0.0020
Cd	0.0005～0.020	Al	0.0002～28.00
Fe	0.0005～0.10	Mg	0.0005～0.10
Cu	0.00006～5.00		

2007 年发布并实施的有色金属行业标准 YS/T 631—2007《锌分析方法 光电发射光谱法》规定了锌中铅、镉、铁、铜、锡等 5 种元素含量的测定方法，测定范围见表 4-22。

表 4-22 锌中各元素测定范围

元素	测定范围（质量分数）/%	元素	测定范围（质量分数）/%
Pb	0.0005～0.020	Cu	0.00006～0.0020
Cd	0.0005～0.020	Sn	0.0002～0.0020
Fe	0.0005～0.012		

2011 年发布并实施的中华人民共和国出入境检验检疫行业标准 SN/T 2785—2011《锌及锌合金光电发射光谱分析》规定了锌及锌合金中铅、镉、铁、铜、锡、镁、铝等 7 种元素含量的分析方法，适用于 GB/T 470、GB/T 8738、ISO301 及 ISO752 产品标准中各牌号的锌及锌合金产品的分析，也可用于其他锌及锌合金产品的分析，各元素的测定范围见表 4-23。

表 4-23 锌及锌合金中各元素测定范围（二）

元素	测定范围（质量分数）/%	元素	测定范围（质量分数）/%
Pb	0.0005～1.4	Sn	0.0002～0.002
Cd	0.0005～0.02	Al	0.0002～28.0
Fe	0.0005～0.10	Mg	0.0005～0.10
Cu	0.00006～5.0		

4.3.5 镁及镁合金材料分析

镁是地球上储量最丰富的轻金属元素之一，镁具有比强度、比刚度高，导热导电性能好等特点，并且具有很好的电磁屏蔽、阻尼性、减震性、切削加工性以及加工成本低、易于回收等优点。由于镁及镁合金的特点可以满足航空航天等高科技领域对轻质材料吸噪、减震、防辐射的要求，故常用于航空航天工业、军工领域、交通领域、3C领域等；由于镁及镁合金具有极强的耐冲击性，因此在国防工业领域也有重要作用；又因其密度小，可减轻整车重量，间接减少燃油消耗量，因而在汽车工业中常用于制造镁合金零件。

目前，采用光电直读光谱法分析镁及镁合金的国家标准或行业标准主要有：GB/T 13748.21—2009《镁及镁合金化学分析方法 第21部分：光电直读原子发射光谱分析方法测定元素含量》，YS/T 1036—2015《镁稀土合金光电直读发射光谱分析方法》，SN/T 2786—2011《镁及镁合金光电发射光谱分析法》等。

2009年发布，2010年实施的国家标准GB/T 13748.21—2009《镁及镁合金化学分析方法 第21部分：光电直读原子发射光谱分析方法测定元素含量》规定了棒状或块状镁及镁合金中铁、硅、锰、锌、铝、铜、铈、铅、钛、镍、铍、锆、钇、钕、锶等15个元素的含量分析方法，测定范围见表4-24。

表4-24　镁及镁合金中各元素测定范围（一）

元素	测定范围(质量分数)/%	元素	测定范围(质量分数)/%
Fe	0.001～0.10	Ti	0.001～0.10
Si	0.001～1.5	Ni	0.0005～0.03
Mn	0.001～2.0	Be	0.0001～0.01
Zn	0.001～7.0	Zr	0.001～1.0
Al	0.003～10.0	Y	0.50～6.0
Cu	0.0005～4.0	Nd	0.50～4.0
Ce	0.10～4.0	Sr	0.01～0.05
Pb	0.001～0.05		

2015年发布并实施的有色金属行业标准YS/T 1036—2015《镁稀土合金光电直读发射光谱分析方法》规定了镁稀土合金（WE54、WE43、GWK）中钆、钕、钇、锆等4个稀土元素的测定方法，测定范围见表4-25。

表4-25　镁稀土合金中各元素测定范围

元素	测定范围(质量分数)/%	元素	测定范围(质量分数)/%
Gd	0.50～13.0	Y	1.0～7.0
Nd	1.0～4.0	Zr	0.05～0.60

2011 年发布并实施的中华人民共和国出入境检验检疫行业标准 SN/T 2786—2011《镁及镁合金光电发射光谱分析法》规定了镁及镁合金金属模铸试样、铸件、板材、挤压件或其他变形形式或形状的试样中铝、铍、硼、镉、钙、铈、铬、铜、镝、铒、钆、铁、镧、铅、锂、锰、钕、镍、磷、镨、钐、硅、银、钠、锶、锡、钛、钇、镱、锌、锆等 31 种元素含量的分析方法，测定范围见表 4-26。

表 4-26　镁及镁合金中各元素测定范围（二）

元素	测定范围（质量分数）/%	元素	测定范围（质量分数）/%
Al	0.001～12.0	Nd	0.01～3.0
Be	0.0001～0.01	Ni	0.0005～0.05
B	0.0001～0.01	P	0.0002～0.01
Cd	0.0001～0.05	Pr	0.01～0.5
Ca	0.0005～0.05	Sm	0.01～1.0
Ce	0.01～3.0	Si	0.002～5.0
Cr	0.0002～0.005	Ag	0.001～0.2
Cu	0.001～0.05	Na	0.0005～0.01
Dy	0.01～1.0	Sr	0.01～4.0
Er	0.01～1.0	Sn	0.002～0.05
Gd	0.01～3.0	Ti	0.001～0.02
Fe	0.001～0.06	Y	0.02～7.0
La	0.01～1.5	Yb	0.01～1.0
Pb	0.005～0.1	Zn	0.001～10.0
Li	0.001～0.05	Zr	0.001～1.0
Mn	0.001～2.0		

4.3.6　铅及铅合金材料分析

铅合金由于其密度大、熔点低、耐腐蚀和防护放射性能好等优点。常应用于电解锌、电解铜和蓄电池等行业，作为湿法冶金工艺中的应用阳极，具有硬度高、力学性能好、铸造性能优、使用寿命长、生产工艺简单等优点；又由于铅合金具有不易被 X 射线和 γ 射线穿透的特性，故可用作放射性工作的防护材料。

在光电直读光谱分析中，铅及铅合金的分析方法主要采用 2009 年发布，

2010 年实施的国家标准 GB/T 4103.16—2009《铅及铅合金化学分析方法 第 16 部分：铜、银、铋、砷、锑、锡、锌的测定 光电直读发射光谱法》，该标准规定了铅中铜、银、铋、砷、锑、锡、锌等 7 种元素含量的测定方法，测定范围见表 4-27。

表 4-27 铅及铅合金中各元素测定范围

元素	测定范围(质量分数)/%	元素	测定范围(质量分数)/%
Cu	0.0003~0.0060	Sb	0.0004~0.0065
Ag	0.0001~0.0040	Sn	0.0003~0.0060
Bi	0.0007~0.010	Zn	0.0003~0.0050
As	0.0002~0.0060		

4.3.7 贵金属材料分析

由于贵金属的特殊性，对其分析过程也有比较严格的要求，采用火花直读光谱法可以快速有效地测定其中杂质元素的含量。如 2009 年发布，2010 年实施的国家标准 GB/T 11066.7—2009《金化学分析方法银、铜、铁、铅、锑、铋、钯、镁、锡、镍、锰和铬量的测定 火花原子发射光谱法》规定了金（99.95%～99.99%）中银、铜、铁、铅、锑、铋、钯、镁、锡、镍、锰和铬等 12 种元素含量的测定方法，测定范围见表 4-28。

表 4-28 金中各元素测定范围

元素	测定范围(质量分数)/%	元素	测定范围(质量分数)/%
Ag	0.0003~0.0410	Pd	0.0004~0.0210
Cu	0.0002~0.0400	Mg	0.0003~0.0120
Fe	0.0004~0.0150	Sn	0.0002~0.0100
Pb	0.0004~0.0350	Ni	0.0002~0.0100
Sb	0.0002~0.0150	Mn	0.0002~0.0100
Bi	0.0003~0.0170	Cr	0.0002~0.0100

由于金价值较高，杂质含量极低，因此其试样的制备过程需格外注意，防止污染和损耗。试样表面应先用无水乙醇清洗，然后用油压机压制成片（压力 50t，施压时间 8s），压制成型后的样品表面光洁，直径应大于 20mm，厚度应大于 0.2mm。

4.4 仪器的维护保养

光电直读光谱仪是光与电紧密配合、大电流放电与小电流检测同时进行的精密仪器，必须保证有良好的接地和稳定的工作环境，由专业人员正规操作并定期进行维护保养，才能使仪器充分发挥作用。特别是仪器重要部件的维护保养，是仪器正常运行、延长使用寿命、保证其良好性能的关键。分析工作者在使用仪器前必须全面透彻地理解领会仪器使用说明书的全部内容，包括方法原理、仪器结构、操作要领、分析步骤等，了解仪器所涉及的光学、机械、电子、计算机等各领域的知识，并以理论指导实践操作，才能使分析工作顺利进行。

4.4.1 对实验室环境的要求

台式光电直读光谱仪必须放置在稳定牢固的工作台面上，落地式光电直读光谱仪需放置在宽敞的地面上，光源及配电设施的安装必须根据实际情况合理布局，既要确保安全，又要便于操作。对光谱实验室环境的基本要求，主要包括以下几个方面：

（1）清洁卫生

实验室必须保持清洁卫生，空气中悬浮的固体颗粒物一旦进入仪器内部，就会沾污光学元件的表面，影响仪器的灵敏度。

光谱实验室应配备吸尘器，进入工作室要穿工作服，分析工作完毕后，要及时清扫现场，保持工作室内整洁卫生。砂轮、车床和电动切削设备应与光谱仪隔离安置。

（2）恒温恒湿

温度的变化会造成光学系统及谱线位置的移动；湿度大，光学元件表面霉变吸尘、机械零件腐蚀生锈，严重了会造成电子元件发生短路等。因此，保持工作室内环境温、湿度的恒定，是保证分析结果稳定的前提之一。一般情况下，光谱室温度应控制在 15～26℃；室内相对湿度控制在 50%～70%，南方或潮湿地区实验室应配备除湿机。

（3）防止震动

机械振动会造成光学元件的相对位移，破坏光学系统的结构，影响信号采集的强度和稳定性，因此，光谱实验室必须远离外界震源，工作台要稳固。

（4）防止腐蚀

光谱实验室应远离化学分析室，室内不能存放易挥发、有腐蚀性的化学试剂，不允许进行其他化学实验操作，防止腐蚀性气体对光学元件及电子器件造成腐蚀。

4.4.2 光电直读光谱仪的日常维护

各型号仪器的维护保养要严格按照使用说明书进行，主要包括激发台、电极、透镜、过滤筒、滤尘器、废气收集器的清理，以及真空系统和气路系统的维护，需要注意的是，每次维护保养完毕应重新对仪器进行校正。

4.4.2.1 激发台的清理

样品在激发过程中，会产生大量金属蒸气，这些蒸气大部分会随氩气排出仪器外，少部分附着在火花室的内壁上，对火花室及激发台造成污染。金属和陶瓷垫片的背面往往也附着一层金属化合物，还有大量放电物沉积在底部，造成两电极之间绝缘性能降低，影响激发效果。特别是激发低熔点样品时，低熔点的金属挥发物喷溅在火花室绝缘套的内壁，严重时会造成短路，烧坏电极架的高压绝缘部分，影响仪器的正常使用。现以某型号的直读光谱仪为例，介绍激发台的清理步骤：

① 打开激发室门，取下防护板，然后拧松紧固电极的黑色旋钮，小心地将电极取出。

② 拧松激发台的固定螺丝，将激发台板移开。

③ 取出石英杯及两个O形环，用酒精、脱脂棉将激发台、石英杯、电极底座、O形环、电极依次擦拭干净。如果激发台内粉尘过多，可以先用吸尘器吸取里面的粉尘，再用无水乙醇擦拭。

④ 将石英杯、O形环放回原处，固定好激发台。

⑤ 将电极装回原处，用极距规调整好电极与激发台面的距离。

⑥ 拧紧紧固电极的黑色旋钮即可。

4.4.2.2 更换或清理过滤筒、滤尘器

在清理激发台的同时，可将仪器的废气过滤筒及其内部滤芯，用吸尘器清理干净。如果滤芯过脏，吸尘器无法清理彻底，则需更换新的滤芯。清理后的过滤筒重新安装时，需要确保其拧紧拧牢，否则可能阻塞气路系统而造成氩气污染，进而影响激发效果。

位于仪器后部的风扇滤尘器，应该每季度至少清理一次，如果实验室灰尘较多，则应适当缩短清理周期。清理风扇滤尘器时，必须把外面的塑料框架取下来，同时要定期检查风扇工作状态是否正常。具体方法是：可用一张纸靠近风扇，看能否被吸住，如果能被吸住，证明风扇工作状态良好，如果吸不住，则证明风扇工作存在故障，应及时维修或更换。

4.4.2.3　电极的清理

直读光谱分析过程中应根据分析材质的不同选用不同的电极，一般使用钨棒作为激发电极。每次激发后，须用电极刷刷去附着在电极上的金属放电物。使用一段时间后，电极尖端的附着物将会逐渐增加，造成电极与分析样品间的间隙距离发生变化，此时需要对钨电极进行清理或更换。清理完毕后，需采用极距规重新调整分析间隙的距离。电极一般每激发 2000～3000 次需进行一次清理，可与激发台的清理同步进行。

4.4.2.4　透镜的清理

透镜透光能力的好坏直接决定了光学室接收光信号的强弱。透镜经过长时间的使用，会受到样品蒸气及其他气体杂质的污染，在表面逐渐附着一层暗色物质，且越积越厚，从而降低了光的透过率。因此，透镜必须定期进行清理，一般情况下可按每季度清理一次的频率进行，或根据仪器使用频次适当缩短或延长透镜的清理周期。通常，固定元素的谱线强度出现明显降低时，可尝试清理聚光透镜加以改善。

清理透镜的步骤如下：

① 清理准备工作。清理完激发台后，敞开火花台板，将真空泄放阀清理干净，缓慢泄放真空室真空至与大气压相同后关闭阀门。

② 小心抽出透镜架并逆时针松开透镜紧固丝环，取下透镜，用脱脂棉清理透镜支架。

③ 擦完透镜后，将透镜装回原位，旋紧透镜紧固丝环，在透镜内侧的橡胶密封圈涂抹少量硅脂，注意不要污染透镜。

④ 装上透镜，将透镜支架推回原位。

⑤ 打开真空泵，将真空度抽到规定范围。

⑥ 安装火花台板，进入待机准备状态。

透镜清理干净后，切勿用手触碰其表面，防止再次污染。其他光学元件如光栅、反光镜等处于密闭的光学室中，受到污染的可能性较小，一般不需要清理。

4.4.2.5　真空系统的维护

真空系统也需要进行定期的维护保养，一般要求每季度至少检查一次真空泵油液面的高度，液面高度处于最高值和最低值中间时，真空泵才具有最佳的性能和使用寿命。如果油位过低，则需及时补加专用的真空泵油，如果真空度读数过高或油液污浊甚至发黑，应立即更换真空泵油。加油或更换泵油时需在仪器厂家工程师的指导下进行，防止操作不当致使真空泵油倒抽进光学室，造成不可挽回的损失。

4.4.2.6　氩气系统的检查

氩气系统在仪器出厂前已完成调试，一般情况下不易发生故障，但长期使用会使气路控制单元老化甚至堵塞，密闭元件老化可能导致管道漏气，因此使用一段时间后（通常半年左右），应对氩气系统进行一次检查。检查的方法是：将氩气控制箱的氩气出口堵住，进口压力调到 0.2MPa 左右，将气路各密封接口涂抹肥皂水，仔细观察是否有漏气部位，如有漏气应旋紧螺母，旋紧无效时应更换零件。如果出现气路堵塞应将气嘴拆下，在氩气出口处通压力为 0.1～0.2MPa 的气流，可将堵塞清除；若仍不通，则应更换零件。

4.4.2.7　废气处理

光电直读光谱分析过程中使用的氩气属于惰性气体，虽对人体没有直接伤害，但由于样品激发时产生粉尘颗粒，被氩气携带进入尾气导管，如直接排放，会对室内环境及实验人员的身体健康产生一定的危害，因此需要对激发后产生的废气进行净化处理。通常使用透明塑料管作为尾气排放管，将其一端插入水（或其他吸收液）中，将净化处理后的气体排出室外即可。

4.4.3　仪器性能的检查

仪器在出厂前已经进行了精心的调试和严格的考核，但由于长途运输或长时间使用，仪器的稳定性可能出现一些微小的变化，因此不仅要在仪器安装时进行全面的检查，在仪器使用过程中也要对一些项目进行定期测试，从而保证仪器性能良好，确保仪器运转正常。

4.4.3.1　漂移检查

漂移检查主要通过检查出射狭缝的一致性来判定。仪器通道所对应的每个元素都对准了出射狭缝，但由于运输过程中受到震动、撞击及实验室温湿度变化等因素影响，可能会引起元素谱线与狭缝位置的一些微小变化。因此在安装调试过程中，或经长时间停置后重新投入使用时，必须由仪器厂家的专业技术人员进行全面的检查。检查前，首先启动局部恒温系统，4小时后分光室内的温度逐渐达到平衡状态，此时采用描迹的方法扫描内标位置，并与之前位置进行比较，如果发生变化，则需更新为当前描迹位置；其他各元素分析线的峰值位置与某一基准谱线（一般为内标元素的谱线）的峰值位置进行比较，若峰值位置之差大于$\pm 8\mu m$，低含量元素的测定需要在重新调整光路后才可进行。

4.4.3.2　灯曝光测试（疲劳灯试验）

测控系统的稳定性与分析结果的精密度关系极大，灯曝光测试是检查测控系统稳定性行之有效的方法。

分光室内有五个发光二极管，平时照射于光电倍增管的光阴极上，长期照射使光阴极处在疲劳状态，此发光二极管称为疲劳灯。疲劳灯的亮度十分稳定，可以作为光源用以检查测控系统的重复测光精度。疲劳灯发出的光，照射在光电倍增管的光阴极上，进行光电转换，这一过程叫灯曝光。重复测定灯曝光，计算出光强的相对标准偏差，当相对标准偏差大于仪器规定时，说明测量精度下降，需要对包括光电倍增管在内的测量系统进行调整，重复测定灯曝光，以计算出光强的相对标准偏差。

4.4.3.3　暗电流检查

进行暗电流检查时，仪器将在积分过程中自动关闭疲劳灯，采集光电倍增管在完全无光照射时所输出的噪声信号，通过检查暗电流的大小，可以发现线性变差的光电倍增管。

4.4.3.4　精密度试验

选取均匀性较好的样品，重复激发若干次，计算出各元素分析含量的标准偏差（SD）和相对标准偏差（RSD），判断是否符合相关技术指标。

$$SD = \sqrt{\frac{\sum (X - X_i)^2}{n-1}} \qquad RSD = \frac{SD}{X_i} \times 100\%$$

式中，SD为标准偏差；X为测量平均值；X_i为单次测量值；n为测量次数；RSD为相对标准偏差。

精密度试验数据反映了仪器的整机性能，因此这项试验是非常重要的。

4.5 仪器常见故障的排除

（1）仪器不通电

① 检查稳压电源的输入和输出电压是否正常。

② 确认仪器总开关的保险丝是否熔断。

③ 检查总开关内外是否脱离，确认总开关打开是否导通。

（2）仪器通信不正常

① 检查检测按钮是否打开，指示灯是否正常，检测开关保险丝是否正常。

② 仪器与电脑的连接是否正常。

③ 计算机硬件有无损坏（有的机型使用电脑 COM 端口，有的机型使用电脑网口）。

④ 针对不同的接口在软件"系统维护"中的"选项设置"选择合适的通信方式。

⑤ 是否存在多个程序同时打开的状态。

⑥ 检查电脑是否有木马或病毒屏蔽接口。

⑦ 通道型光电直读光谱仪检查电源板供电是否正常。

⑧ 通道型光电直读光谱仪检查 CPU 板是否正常，全谱型光电直读光谱仪检查主控板和 ARM 板是否正常。

⑨ 全谱型光电直读光谱仪中有时会存在 CCD 检测不到的现象，可尝试重新启动光谱仪，反复多次仍无法解决时，需要检查 CCD 连接排线及 CCD 有无硬件故障。

（3）温控故障

① 温控仪损坏。

② 加热器故障。

③ 温控探头损坏。

（4）气路故障

① 如氩气压力不够，检查氩气瓶压力以及外接分压阀有无异常。

② 如氩气使用过快，应检查氩气管与仪器接口处是否有漏气，气路板电磁阀是否漏气，当外接氧气表压力过大时，气路板压力调节阀会持续漏气。

③ 通道型光电直读光谱仪存在阀门控制板故障，全谱型光电直读光谱仪存在执行故障，以上两种线路板都由光纤传输信号，由 24V 电源盒供电，分别受 CPU 板控制和主控板控制。

（5）样品激发不正常

① 氩气未打开，或压力小。

② 激发预热的次数不够，仪器尚未预热充分。

③ 氩气纯度低或达不到要求。

④ 检查气路板的气路压力、流量是否正常。

⑤ 检查电极位置是否正确。

⑥ 检查火花台内或样品表面是否有水存在。

⑦ 检查样品表面是否存在外观缺陷，如气孔、裂纹、砂眼、炉渣等，或是否有锈、油、水等杂质。

⑧ 光源系统输入电压是否正常。

（6）描迹不正常

通道型光电直读光谱仪：

① 光源没激发或样品激发不正常。

② 高压未加。

③ 描迹板供电插头接触不良。

④ 做完恒光测试没有点击"下一个"。

⑤ 描迹板故障。

⑥ 步进电机故障或联轴器松动。

⑦ 软件通道对应不正确，积分板、高压分配板故障。

全谱型光电直读光谱仪：

① 样品未激发。

② 未使用专用的描迹样品。

③ 透镜污染或透镜螺丝松动。

④ CCD 板通信异常。

⑤ 入射狭缝污染严重，导致强度偏低，无法获取正确的谱线位置。

（7）高压故障

① 高压开关是否打开，绿灯是否点亮。

② 高压开关的保险丝是否正常。

③ 高压产生板是否显示正常绿灯状态，若显示红灯状态则说明高压产生板故障。

④ 查看真空是否达到要求，在软件中找到"仪器"点击"检查真空电路"查看真空显示，确认高压是否加上。

⑤ 光学室微动开关是否压紧。

⑥ 检查高压箱内高压开关板接头是否牢靠。

（8）原始强度降低明显

① 样品激发不正常，或氩气纯度不够。

② 检查电极位置是否正确。

③ 检查描迹位置是否正确。

④ 检查透镜是否污染，确认透镜螺丝位置是否正确。

⑤ 入射狭缝是否污染。

（9）光源激发异常

① 样品表面是否有不导电物质，如油渍、锈蚀等，应确保激发过程导电正常。

② 光源开关是否打开，光源的保险丝是否正常。

③ 检查氩气是否打开，气路板流量是否正常。

④ 查看模拟光源板的两个保险丝是否熔断。

⑤ 是否存在火花台内放电现象，或者火花台清理不及时，积灰太多。

⑥ 用万用表量总线板的 24V 和 195V 的 N、L 之间的电压是否正常（光源稳压器为交流电压，开关电源为直流电压）。

⑦ 检查模拟光源板上左下方电容是否突出。

⑧ 对于模拟光源，检查光源箱内的电阻是否烧坏。

⑨ 模拟光源内点火箱绕线电阻是否烧断，点火线圈有无问题。

⑩ 对于数字光源，检查保险盒内保险是否正常。

⑪ 对于数字光源，必要时断开风扇，检查能否激发，确认风扇是否烧坏。

⑫ 对于数字光源，检查两个白色水泥电阻是否正常。

⑬ 对于数字光源，检查变压器有无异常，查看周围器件有无放电情况。

（10）标准化系数异常

① 是否按照品名规格显示的样品名称来放置标准化样品。

② 样品激发是否正常。

③ 描迹位置是否正确。

④ 透镜是否污染，透镜固定螺丝的位置是否改变。

（11）真空故障

① 检查电磁充气阀是否打开，电磁挡板阀是否打开，保险有无问题。

② 检查真空泵是否处于正常开启状态。

③ 检查真空泵内的真空泵油是否需要更换或添加。

④ 检查真空控制板的插头是否牢固，规管与规管座连线是否松动。

⑤ 检查手动-自动控制板电压输出是否正常，交流接触器能否正常工作（通道型直读光谱仪）。

⑥ 检查波纹管（长波纹管为主）有无漏气现象。

⑦ 检查仪器各处连接（卡箍、透镜抽板、蝶阀、大密封圈、光室）是否存在漏气现象。

⑧ 检查规管和真空控制板是否存在问题。

思 考 题

（1）简述光电直读光谱仪的开、关机顺序。

（2）光电直读光谱仪的校准方式有哪些？

（3）光谱分析主要涉及哪几类样品，其作用分别是什么？

（4）简述光谱仪的日常维护操作步骤包括哪些？

（5）样品激发时，原始光强值下降可能的原因是什么，应如何解决？

（6）如遇突然断电，应注意什么问题，具体如何操作？

（7）光电直读光谱实验室应满足什么基本条件？

（8）简述光电直读光谱分析对分析样品的要求。

第 5 章

分析结果的评价与
数据处理

分析测试工作中，分析数据的准确与否对分析质量至关重要，直接影响到工业生产及科学技术实验的结果。在定量分析过程中，由于分析方法、操作人员、仪器设备及实验条件等因素的影响，不可能得到绝对准确的结果，即使是由同一操作人员对同一样品，采用同一分析方法，在不改变任何条件的情况下进行实验，也难以获得完全相同的结果。也就是说，分析结果必然存在误差，或者说存在测量不确定度。因此，作为一名分析测试工作者，不仅应能熟练地进行各种分析操作，还应善于对分析数据进行科学、综合性的评价，分析误差产生的原因，综合运用现代科学管理技术和数据统计的方法来控制分析数据的质量，采取有效的措施，最大限度地将误差控制在允许范围之内，以保证分析数据的可靠性，从而提高分析测量的准确度。

本章主要介绍光谱分析工作相关数理统计基础、分析误差和测量不确定度、分析结果的可接受性及有效数字的应用等内容。

5.1 数理统计相关知识与概念

5.1.1 测量结果和误差

（1）测量结果

测量结果指由测量所得到的赋予被测量的值。测量结果（measurement result）是用规定的测量方法在一定测量条件下对被测量值的估计，并非真值。测量结果可能是单一值，也可能是一组数据的平均值或许多组数据的平均值。测量结果可以按适用的标准进行修正，因此一个测量结果可以是通过几个测得值计算的结果。有时，测量结果即为测得值本身。

在光电光谱分析领域，通常用一组测得值的平均值或中位数和一个测量不确定度来表示测量结果。对某些用途，如果认为测量不确定度可忽略不计，则可用一组测得值的平均值或中位数表示测量结果。

（2）测量误差

测量误差（measurement error），简称误差（error）。

误差（E）为测量结果（x）减去被测量的真值（μ），即：

$$E = x - \mu$$

误差有正负号，测量结果大于真值时，误差为正值，反之为负值。误差的单位与测量结果一致。真值一般难以准确地得到，常用约定真值代替，因此实际上也不可能求得真实误差，误差是一个理想概念。

按照上述测量误差的定义所得误差为绝对误差，误差还可用相对误差（E_r）表示。相对误差是绝对误差与真值的比，通常以百分数表示：

$$E_r = \frac{E}{\mu} \times 100\% = \frac{x - \mu}{\mu} \times 100\%$$

相对误差是无量纲量。

光电光谱分析时，使误差产生的因素主要有 5 种：①操作人员的技术水平和操作熟练程度；②光谱仪的稳定性、光学装置的精度、氩气纯度与流量控制等；③标准样品、控制样品的均匀性、可靠性；④分析方法，如校准曲线的拟合程度，干扰的校正等；⑤环境，如实验室温度、湿度、电磁干扰、震动等因素的控制。

根据误差的性质及产生原因，误差可分为系统误差和偶然误差。

（3）系统误差

系统误差（systematic error）是指在重复测量中保持不变或按可预见方式变化的测量误差的分量。系统误差是在一定试验条件下，由某个或某些因素按照某一确定的规律起作用而形成的误差，它决定了测量结果的正确度。系统误差越小，测量结果的正确度越高。

系统误差的特性为：在同一测量条件下，系统误差的大小和正负不变，改变测量条件时按照确定的规律变化。因此，单纯通过多次重复测定，是很难发现和消除系统误差的，只有改变测量条件才能发现系统误差的存在。一旦发现系统误差，要找出其原因，并设法消除或通过校正使之减小至允许范围之内。

光电光谱分析中，系统误差的来源一般有：

① 分析样品与标准样品的化学组成、组织结构不同。分析样品与标准样品的化学组成不完全相同会导致第三元素的影响不同，可能引起内标线和分析线的强度改变，从而引入误差。分析样品与标准样品的组织结构往往不同，组织结构的差异也会给分析带来误差。如浇铸状态的样品与经过退火、淬火、回火、热轧、锻压等处理的样品组织结构是不同的，这就会造成某些元素的测量误差较大。

② 光谱标准样品与控制样品定值不准确带来的系统误差。

③ 未知元素谱线的重叠干扰。例如在炉前取样时，为了获得较好的脱氧效果，往往加入少量的铝，而碳元素谱线会受到铝元素谱线的重叠干扰，因而铝的存在引入了系统误差。

④ 光源参数的设置无法兼顾分析程序下众多不同的分析样品。

⑤ 分析过程中，未及时觉察工作条件的变化，分析人员的习惯性偏向等也会带来系统误差。

以上列举了部分系统误差的来源，但在实际工作中原因是多方面的。为了检查系统误差，可通过不同分析方法如化学分析法来测定，并多次比对测量结果，找出系统误差的原因并采取相应措施消除或减小这部分误差的影响。

（4）偶然误差

偶然误差（random error）是指在重复测量中按不可预见方式变化的测量误差的分量。在测量过程中，它是由于一系列相关因素的微小随机波动而形成的具有相互抵偿性的误差，它决定了测量结果的精密度。偶然误差越小，测量的精密度越高。

在同一试验条件下，多次测量时，出现的偶然误差时大时小，时正时负，完全是随机的，但正负误差出现的概率基本相等，偶然误差的数值分布符合一定的统计规律性，一般认为其服从正态分布。正态分布（高斯分布）是一种经常使用的、重要的连续型对称分布，偶然误差的正态分布曲线如图 5-1 所示。随着测量次数的增加，正负误差相互抵偿，误差平均值趋向于零。偶然误差虽不能完全避免，但可采取多次测量取平均值的方法减少其影响。

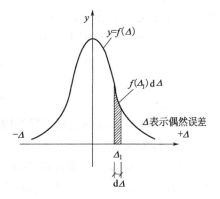

图 5-1　偶然误差的正态分布曲线

结合图示，可知偶然误差具有以下统计特性：

① 在一定的观测条件下，偶然误差的绝对值不会超过一定的限度，即偶然误差是有界的。

② 绝对值小的误差比绝对值大的误差出现的机会大。

③ 绝对值相等的正、负误差出现的机会基本相等。

④ 在相同条件下，对同一量进行重复观测，偶然误差的算术平均值随着观测次数的无限增加而趋于 0。

光谱分析时，产生偶然误差的原因很多，主要有：

① 氩气的纯度和流量，当氩气中含有氧和水蒸气时，会引起扩散放电，使激发斑点发白；氩气的流量和压力控制不当，也会引起气路堵塞、火花扰动等现象；或者气路有漏气现象时均会带来偶然误差。

② 样品分析面不平整或太小不足以完全覆盖激发孔时，会出现漏气现象，引入偶然误差，严重时表现为激发声音刺耳，激发斑痕呈雾状，此时的测量结

果应舍弃。

③ 样品制备不规范可引入偶然误差。标准化样品、控制样品与分析样品应使用同一台制样设备磨制，要求纹理粗细一致，不可有交叉纹，磨样时用力不可过大，时间不可过长，否则容易造成试样表面氧化而带来误差。

④ 分析样品均匀性差，存在偏析、裂纹、疏松、毛刺等缺陷时，均无法满足分析要求。熔态金属取样时，样品的偏析现象往往比较严重，要求炉前取样和分析人员关注样品的状态，必要时采取一定应对措施。

⑤ 钨电极长尖或变秃、光轴偏离中心等都会引入误差。重复放电以后，钨电极会长尖，造成放电间隙改变；激发产生的金属蒸气附着在电极上，影响下次测定，要求每次激发后用电极刷清理电极。

⑥ 光路的微小偏转、透镜的污染、电压的波动等均会造成分析线与内标线的强度变化，降低测量的精密度。

⑦ 真空度达不到要求（真空型仪器）或者惰性气体纯度达不到要求（充气型仪器）均会引入误差，且对短波元素（波长≤200nm）测量的影响尤为明显。

⑧ 室内温度的波动，南方梅雨季节因湿度增加而产生的高压元件漏电、放电现象，偶然出现的电磁干扰等均会造成分析结果的不稳定。

（5）过失误差

过失误差也称粗大误差或差错，是指显然与事实不相符的误差，没有一定的规律性，它是由于试验人员操作不细心、不正确所造成的，如读数错误、记录错误和计算错误等。严格地说，过失误差不属于误差范畴，而是由于观测者的过失所造成的错误，是应该避免的。不应把过失误差归入偶然误差范畴，过失误差的数值一般比较大，会对测量结果产生显著的影响，此时应把过失误差从试验数据中剔除，同时分析过失误差出现的原因，采取措施以防再次出现。

在光电直读光谱分析过程中，从取样开始到最终出具检测报告，是由若干个操作环节组成的，每一环节都可能会产生一定的误差，当无过失误差时（即操作正常时），光谱分析的总误差就是系统误差和偶然误差的总和。

（6）注意事项

光电光谱分析中，为减少误差，提高测量结果的准确度，应注意下列事项：

① 做好制样设备的维护工作，提高取样和制样水平，确保制备好的样品无物理缺陷，符合制样要求。

② 减少环境因素（温度、湿度、电磁干扰、震动等）对光电光谱分析结

果的影响。

③ 定期校准工作曲线，正确、合理选择均匀性好、定值准确地控制样品。

④ 氩气的纯度、流量、压力应符合要求。

⑤ 掌握正确的仪器校准方法和测量结果的数据处理方法。

⑥ 通过规范的维护、保养、清理工作，保证光谱仪处于良好的稳定状态。

5.1.2　极差、偏差、标准偏差、相对标准偏差

（1）极差

极差（range）指一组测量值中，最大值（x_{max}）与最小值（x_{min}）之差。极差亦称全距，用 R 表示。

$$R = x_{max} - x_{min}$$

极差的计算简单易行，便于理解，由于极差只考虑了数据中的最大值与最小值，忽略了数据中的其他值，所以只能最简单、最粗略地表示数据的分散程度。由于数据的最大值和最小值受异常偶然因素影响的可能性最大，所以极差极易受异常值影响。

（2）偏差

偏差（variance）指某次测量值与多次平行测量算术平均值（$\overline{x}$）的差。用 d 表示。

$$d = x - \overline{x}$$

偏差用来表示测量结果的精密度。偏差越大，精密度越低；偏差越小，精密度越高。偏差有正、负之分。

（3）标准偏差

标准偏差（standard deviation），也称标准差，是对同一被测量进行 n 次测量，表征测量结果分散性的量。用符号 s 表示。n 次测量中，标准偏差 s 可按贝塞尔（Bessel）公式计算：

$$s = \sqrt{\frac{\sum(x_i - \overline{x})^2}{n-1}}$$

式中，x_i 为单个测得值；n 为测定次数，$n-1$ 为自由度（degree of freedom）。

自由度用 v 表示，自由度是统计学的常用术语，表示的是独立变数（测定次数）的个数减去计算偏差时所用非独立变数（平均值）的个数，即独立偏差的个数。

标准偏差充分地引用了全部数据信息，能更灵敏地反映出较大偏差的存在，故在实际工作中，标准偏差常常作为测量列中单次测量不可靠性的评定标准，即作为测量精密度的量度，描述数据分布的分散性。标准偏差的数值越小，代表任一单次测得值对算术平均值的分散度也越小，测量的可靠性和精密度就越高；反之，测量的可靠性和精密度就越低。标准偏差只取正值。

(4) 相对标准偏差

相对标准偏差（relative standard deviation）为标准偏差与测量算数平均值的相对大小，也称变异系数，一般用 RSD 或 s_r 表示：

$$RSD = \frac{s}{\bar{x}} \times 100\%$$

光谱分析工作中，往往采用相对标准偏差的大小来衡量测量数据的精密度。

5.2 分析方法的评价

5.2.1 准确度、正确度、精密度

(1) 准确度

准确度（accuracy）指测量结果与接受参照值间的一致程度。

由于被测量的真值难以获得，所以测量准确度只是一个定性的概念，无法给出具体数值。准确度用误差评价或描述，当测量误差较小时，准确度较高；误差较大时，准确度较低。准确度虽无法定量，但实际工作中可以用准确度的高低、等级或符合某一标准等方式来表示测量结果的质量。

准确度是测量精密度和正确度的综合反映，当用于一组测量结果时，由随机误差分量（即精密度）和系统误差分量（又称偏倚分量，即正确度）组成。

(2) 正确度

正确度（trueness）指由大量测试结果得到的平均数与接受参照值间的一致程度。

正确度反映了测量中系统误差大小的程度，与随机误差无关，系统误差越小，正确度越高。正确度不是一个量，不能用数值表示，它的度量通常用偏倚

表示。

偏倚（bias）是指测量结果的期望值与接受参照值之差。偏倚可能由一个或多个系统误差引起，是系统误差的总和。系统误差越大，测量结果与接受参照值之差越大，偏倚就越大。

（3）精密度

精密度（precision）指在规定条件下，独立测量结果间的一致程度。

独立测量结果是指对相同或相似的测试对象所得的结果不受之前任何结果的影响。

精密度的高低取决于偶然误差的大小，与真值或规定值大小无关。精密度的度量通常用"不精密度（imprecision）"以数字形式表示，其量值用测量结果的标准偏差或相对标准偏差来表示。一般用重复性和再现性来表示不同情况下测量结果的精密度。

（4）重复性

重复性（repeatability）指在重复性条件下的精密度。

重复性条件（repeatability conditions）是在同一实验室，由同一操作员使用相同的设备，按相同的测量方法，在短时间内对同一被测对象相互独立进行的测量条件。

重复性限（repeatability limit）为一个数值，在重复性条件下，两个测量结果的绝对差小于或等于此数的概率为95%。重复性限用 r 来表示。

（5）再现性

再现性（reproducibility）指在再现性条件下的精密度。

再现性条件（reproducibility conditions）是在不同的实验室，由不同的操作员使用不同设备，按相同的测量方法，对同一被测对象相互独立进行的测量条件。

再现性限（reproducibility limit）为一个数值，在再现性条件下，两个测量结果的绝对差小于或等于此数的概率为95%。再现性限用 R 表示。

5.2.2 准确度、正确度和精密度三者之间的关系

在测定工作中，通常用正确度、精密度和准确度分别描述系统误差、偶然误差以及两者的综合。正确度、精密度和准确度三者之间的关系可用打靶图（图5-2）形象表示，图中 $p(x)$ 为测得值的概率密度函数。

准确度、正确度和精密度只能对测量结果的质量做定性评价，要想定量地估计测量结果的可信赖程度，即对测量结果的质量做定量评价，需引入测量不

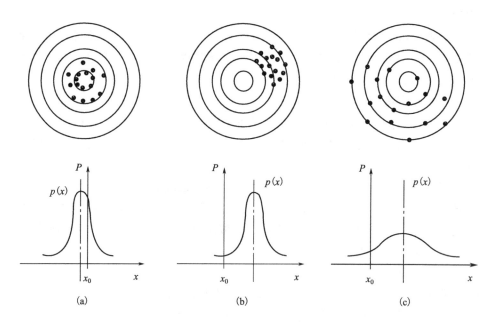

图 5-2 正确度、精密度和准确度之间的关系

图（a）表示系统误差、偶然误差均小，表示测量正确度、精密度均高，即测量准确度高；图（b）表示
系统误差大，偶然误差小，表示测量精密度高，但正确度低，测量准确度差；图（c）表示系统误差、
偶然误差均大，表示测量正确度、精密度、准确度均差

确定度的概念。

5.2.3 检出限、测定限、灵敏度

（1）检出限

检出限（detection limit，DL 或 limit of detection，LOD）指在确定的条件下，由特定的分析方法能够检出的可分辨的最小分析信号求得的最低浓度（或质量）。

通常认为当测定次数 $n \geqslant 20$ 时，3 倍空白信号值的标准偏差所对应的浓度（或质量）即为检出限。空白信号值为在相同的实验条件下，不含待测组分时得到的测定值。

不同文献资料对检出限的分类有不同的界定，本节主要介绍较为常用的两类：仪器的检出限和方法的检出限。

仪器的检出限是指相对于背景，仪器检测到的最小可靠信号。即在一定的置信度下能与仪器噪声相区别的最小检测信号对应的待测物质的量。仪器检出限与仪器的稳定性、灵敏度等有关，是仪器选型和验收的重要指标，可用于不同仪器性能的比较。

方法的检出限是指一个给定的分析方法在特定条件下能检出被测物的最小浓度，即样品在通过预处理及全部测定过程后，待测组分区别于空白样品而被测定出来的最低浓度，它是表征分析方法优劣的重要参数之一，对于低浓度样品的检测质量评估具有重要意义。方法的检出限受到仪器噪声、样品性质、预处理过程等因素的影响，一般高于仪器的检出限。一般认为待测组分的含量高于方法的检出限，则它可以被检出；反之，则不能被检出。

（2）测定限

测定限（定量限）是指定量分析方法实际可能测定的某组分的下限。一般认为 10 倍空白信号值的标准偏差所对应的浓度（或质量）即为测定限。也有资料将测定限定义为定量范围的两端，分为测定下限和测定上限。

测定下限是指在测定误差能满足预定要求的前提下，用特定方法能准确地定量测定待测物质的最小浓度或含量。高的噪声或空白信号值会使测定下限变差，测定下限在数值上应始终高于检出限。测定上限是指在测定误差能满足预定要求的前提下，用特定方法能够准确地定量测定待测物质的最大浓度或含量。

（3）灵敏度

灵敏度是指单位浓度或单位量的待测物质的变化所引起的信号响应量的变化。

灵敏度可以用仪器的响应值或其他指示值与对应的待测物质的浓度或量之比来描述，相当于校准曲线的斜率。灵敏度越高，测量响应值与待测物浓度变化的变化率越高，分析方法越能分辨出分析物浓度的细小差别。我们说某一分析方法的灵敏度高，是指待测物质单位浓度的变化可以引起分析信号更明显的变化。仪器分析方法的灵敏度一般高于化学分析方法。

检出限、测定限和灵敏度之间虽有一定的数学关系，但在实际运用时不可混为一谈。

5.3 光谱分析的数据评价与监控

5.3.1 分析结果的可接受性

分析人员日常工作时，换点激发两次，获得两个测量结果的情形较为常见，两个独立测量结果都应在重复性条件下取得，测量结果之差的绝对值应与重复性限 r 比较，以确定测量结果的可接受性。

如果两个独立测量结果之差的绝对值不大于 r，则认为这两个测量结果可以接受。最终报告结果为两个测量结果的算术平均值。

如果两个独立测量结果之差的绝对值大于 r，实验人员应再追加一个或两个测量结果。

追加一个测量结果后，若 3 个独立测量结果的极差不大于 $1.2r$，则取 3 个测量结果的平均值作为最终报告结果。

若 3 个独立测量结果的极差大于 $1.2r$，分析人员既可以取中位数作为最终报告结果，也可以再追加测量 1 个结果。

如果 4 个独立测量结果的极差不大于 $1.3r$，则取 4 个测量结果的算术平均值作为最终报告结果；如果极差大于 $1.3r$，则取 4 个测量结果的中位数作为最终报告结果。

以上过程可汇总为表 5-1，通过此表我们可更直观地获得最终结果。

表 5-1　在重复性条件下所得测量结果可接受性的检查方法

n①	极差大小	可接受/追加测量	最终结果
2	R②$\leqslant r$	接受	$\dfrac{x_1 + x_2}{2}$
	$R > r$	追加测量 1 个或 2 个结果	
2+1	$R \leqslant 1.2r$	接受	$\dfrac{x_1 + x_2 + x_3}{3}$
	$R > 1.2r$	接受	x_2
		追加测量 1 个结果	
2+2	$R \leqslant 1.3r$	接受	$\dfrac{x_1 + x_2 + x_3 + x_4}{4}$
	$R > 1.3r$	接受	$\dfrac{x_2 + x_3}{2}$

注：x_1、x_2、x_3、x_4 分别为按大小排序第一、二、三、四的测量结果。
① n 为测量次数。
② R 为极差。

实际工作中常有初始结果数大于 2 的情形。在重复性条件下，$n > 2$ 时确定最终报告结果的方法与 $n = 2$ 时的方法相类似，具体可参照 GB/T 6379.6—2009 执行。

5.3.2 重复性限 r 的获得

实际工作中，分析人员如何获得重复性限 r 值？以不锈钢中多元素的光电直读光谱分析为例，GB/T 11170—2008《不锈钢多元素含量的测定 火花放电原子发射光谱法（常规法）》给出了由多个实验室对不锈钢中各分析元素的5～15个水平进行测定后的精密度试验数据。每个实验室对每个水平的元素含量按照规定测定 2 次，对各实验室报出的原始数据（测量值）按照 GB/T 6379.2—2004 进行统计分析，得出重复性限 r、再现性限 R 与质量分数 m 的函数关系，具体见表5-2。不锈钢中各元素的重复性限、再现性限可按此表给出的函数关系求得。

表 5-2 不锈钢中各分析元素的精密度试验数据

元素	质量分数/%	重复性限(r)	再现性限(R)
C	0.01～0.30	$r=0.0009+0.09933m$	$R=0.0069+0.1650m$
Si	0.10～2.00	$r=0.0084+0.01942m$	$R=0.0378+0.005225m$
Mn	0.10～11.00	$\lg r=-1.6525+0.8129\lg m$	$\lg R=-1.3518+0.5924\lg m$
P	0.004～0.050	$r=0.0019+0.04734m$	$R=0.0027+0.06679m$
S	0.005～0.050	$r=0.0016+0.1110m$	$R=0.0015+0.1434m$
Cr	7.00～28.00	$\lg r=-1.5272+0.7370\lg m$	$\lg R=-1.0866+0.5140\lg m$
Ni	0.10～24.00	$\lg r=-1.5874+0.7186\lg m$	$\lg R=-1.1448+0.5574\lg m$
Mo	0.06～4.00	$r=0.0008+0.02179m$	$R=0.0119+0.02512m$
Al	0.02～2.00	$r=0.0020+0.03046m$	$\lg R=-1.3329+0.4059\lg m$
Cu	0.04～6.00	$\lg r=-1.4488+0.7486\lg m$	$R=0.0213+0.02348m$
W	0.05～0.80	$r=0.0038+0.02951m$	$R=0.0116+0.06927m$
Ti	0.03～1.10	$\lg r=-1.2707+0.9091\lg m$	$\lg R=-1.1874+0.8141\lg m$
Nb	0.05～2.50	$\lg r=-1.5332+0.7514\lg m$	$\lg R=-1.2135+0.70971\lg m$
V	0.04～2.50	$r=0.0028+0.02216m$	$R=0.0020+0.07553m$
Co	0.01～0.50	$r=0.0013+0.07366m$	$R=0.0016+0.1173m$
B	0.002～0.020	$r=0.0014+0.1474m$	$R=0.0017+0.1578m$
As	0.002～0.030	$r=0.0018+0.07779m$	$R=0.0027+0.09205m$
Sn	0.005～0.055	$r=0.0016+0.06612m$	$R=0.0021+0.07386m$
Pb	0.005～0.020	$r=0.0022+0.1012m$	$R=0.0021+0.2068m$

注：式中 m 是两个测定值的平均值（质量分数）。

5.3.3 分析结果准确度的监控

为了监控分析测量结果的准确度，应定期采用测量标准样品的方法对测量结果进行确认。其方法如下：

① 在95%概率水平下，两次测量结果之差应不大于该方法规定的重复性限 r，即：$|x_1-x_2| \leqslant r$。

② 在95%概率水平下，测量标准样品得到的两个独立测量结果的平均值 $\bar{x}$ 与认证值 μ_0 之差的绝对值不大于规定的临界差 $CD_{0.95}$。即：$|\bar{x}-\mu_0| \leqslant CD_{0.95}$。

当标准样品的不确定度 U 不可忽略时，临界值 C 为：

$$C=\sqrt{CD_{0.95}^2+U^2}$$

式中，U 为扩展不确定度。

【例5-1】 用光电直读光谱仪测定某标准样品中碳的含量，两次独立测量的结果为：0.209%，0.214%，试判断其分析结果的准确度。已知 $\mu_0=0.211\%$，$U=0.003\%$，碳的精密度数据如表5-3所示。

表5-3 碳的重复性限、再现性限和临界差　　　　　　　　单位：%

质量分数	重复性限(r) $n=2$	再现性限(R) $n=2$	临界差($CD_{0.95}$) $n=2$
0.200	0.006	0.021	0.015
0.400	0.010	0.034	0.024

解：（1）$|x_1-x_2|=|0.209-0.214|=0.005<r$，结果可接受。

（2）$\bar{x}=0.212$，$|\bar{x}-\mu_0|=|0.212-0.211|=0.001$

$$C=\sqrt{CD_{0.95}^2+U^2}=\sqrt{0.015^2+0.003^2}=0.0153$$

$|\bar{x}-\mu_0| \leqslant C$，故分析结果是准确的。

5.3.4 测量精密度的监控

测量精密度用来反映测量数据的离散程度，一般用标准偏差来表示。标准偏差可由实际分析条件下多次重复分析同一试样得到的一组测量数据求得，其值参照国家标准或其他技术文件考核。测量精密度分为短期精密度和长期精密度。

仪器的短期精密度指短期内多次重复测量同一量时，各测量值之间彼此相符合的程度，用于考察仪器的短期稳定性。

考察仪器的短期精密度的通常做法是：对同一均匀样品连续测量 10 次，计算 10 次测量结果的标准偏差或极差。仪器的短期精密度应满足检测标准中规定的一般要求：10 次独立测量结果的标准偏差应不大于重复性限 r 的 0.52 倍，10 次独立测量结果的极差应不大于重复性限 r 的 1.6 倍。

影响仪器短期精密度的主要原因是测量条件的瞬时变化。因此，分析人员应重视以下几个因素的控制：①电压的波动；②漏电、电磁干扰的存在和大小；③样品的均匀性、洁净程度及纹理一致程度；④分析条件的变化（电极位置、分析间隙、气体流量等）。

仪器的长期精密度指长时间里每隔一定时间多次重复测定同一量时，各测定值之间彼此符合的程度，是考察仪器长期稳定性的重要指标。

为考察仪器的长期精密度，分析人员可在一次标准化后，对同一均匀样品每隔 30min 测量 1 组（3 个测量结果），每组测量取平均值，在 4h 内重复 9 组测量，计算 9 个测量平均值的相对标准偏差。

影响仪器长期精密度的主要因素如下：①仪器光学系统结构的稳定性；②电极的污染及形状的变化；③透镜的污染；④室温和湿度的变化；⑤仪器参数调整不当；⑥断续操作造成的偏差。

5.3.5　离群值的检验

5.3.5.1　基本概念

离群值（outlier）　样本中的一个或几个观测值，它们离其他观测值较远，暗示它们可能来自不同的总体。习惯上也称之为异常值。离群值按显著性的程度分为统计离群值和歧离值。

统计离群值（statistical outlier）　在剔除水平下统计检验为显著的离群值。习惯上称之为高度异常值。

歧离值（straggler）　在检出水平下显著，但在剔除水平下不显著的离群值。

检出水平（detection level）　为检出离群值而指定的统计检验的显著性水平。用 α 表示，如无特殊要求，α 一般为 0.05。

剔除水平（deletion level）　为检出离群值是否高度离群而指定的统计检验的显著性水平。用 α^* 表示，剔除水平 α^* 的值应不超过检出水平 α 的值，如无特殊要求，α^*一般为 0.01。

在一组测定数据中，可能存在一个或几个明显偏离测量结果的数据，将测量值由小到大排列，离群值为高端值时，称为上侧情形；离群值为低端值时，称为下侧情形；高端值和低端值都可能为离群值时，称为双侧情形。

离群值的存在可能会使分析结果出现严重错误。经验告诉我们，离群值不能完全避免，更不能随意弃舍，检出的离群值在处理时需进行原因分析。由偶发错误导致的离群值经统计学的方法检验是统计离群值时，才能舍去。

在未知标准偏差的情形下，离群值的统计检验主要有两种方法：格拉布斯（Grubbs）检验法和狄克逊（Dixon）检验法。实际工作中，分析人员可根据需要选定其中一种检验法。

5.3.5.2　格拉布斯(Grubbs)检验法

在对数据进行离群检验时，需要将待检验的一组数据中的各值由小到大排列为 $x_{(1)}$，$x_{(2)}$，…，$x_{(n)}$，当离群值的个数为 1 时，即 x_1 或 x_n 为离群值。

（1）$x_{(n)}$ 为疑似离群值的计算

① 计算出统计量 G_n 的值：

$$G_n = \frac{x_{(n)} - \overline{x}}{s}$$

$$s = \sqrt{\frac{\sum (x_i - \overline{x})^2}{n-1}}$$

式中，$\overline{x}$ 为样本算数平均值，s 为标准偏差。

② 从表 5-4 中查出检出水平 $\alpha = 0.05$ 时对应的格拉布斯检验临界值 $G_{(1-\alpha)}(n)$。

③ 当 $G(n) > G_{(1-\alpha)}(n)$ 时，判定 $x_{(n)}$ 为离群值，否则 $x_{(n)}$ 并非离群值。

④ 对于检出的离群值 $x_{(n)}$，从表 5-4 中查出剔除水平 $\alpha^* = 0.01$ 时对应的格拉布斯检验临界值 $G_{(1-\alpha^*)}(n)$。当 $G_{(n)} > G_{(1-\alpha^*)}(n)$ 时，判定 $x_{(n)}$ 为统计离群值；当 $G_{(n)} < G_{(1-\alpha^*)}(n)$时，判定 $x_{(n)}$ 为歧离值。

（2）$x_{(1)}$ 为疑似离群值的计算

① 计算出统计量 G_n' 的值：

$$G_n' = \frac{\overline{x} - x_{(1)}}{s}$$

$$s = \sqrt{\frac{\sum (x_i - \overline{x})^2}{n-1}}$$

光电光谱分析技术
与应用

② 从表 5-4 中查出检出水平 $\alpha = 0.05$ 时对应的格拉布斯检验临界值 $G_{(1-\alpha)}(n)$。

③ 当 $G_n' > G_{(1-\alpha)}(n)$ 时，判定 $x_{(1)}$ 为离群值，否则 $x_{(1)}$ 并非离群值。

④ 对于检出的离群值 $x_{(1)}$，从表 5-4 中查出剔除水平 $\alpha^* = 0.01$ 时对应的格拉布斯检验临界值 $G_{(1-\alpha^*)}(n)$。当 $G_n' > G_{(1-\alpha^*)}(n)$ 时，判定 $x_{(1)}$ 为统计离群值；当 $G_n' < G_{(1-\alpha^*)}(n)$ 时，判定 $x_{(1)}$ 为歧离值。

表 5-4　格拉布斯 (Grubbs) 检验的临界值表

n	$\alpha=0.10$	$\alpha=0.05$	$\alpha=0.01$	n	$\alpha=0.10$	$\alpha=0.05$	$\alpha=0.01$
3	1.148	1.153	1.155	10	2.036	2.176	2.410
4	1.425	1.463	1.492	11	2.088	2.234	2.485
5	1.602	1.672	1.749	12	2.134	2.285	2.550
6	1.729	1.822	1.944	13	2.175	2.331	2.607
7	1.828	1.938	2.097	14	2.213	2.371	2.659
8	1.909	2.032	2.221	15	2.247	2.409	2.705
9	1.977	2.110	2.323	16	2.279	2.443	2.747

【例 5-2】　用光电直读光谱测定某钢样中的含锰量，5 次测量结果是 1.35%、1.34%、1.25%、1.36%、1.38%，数据 1.25% 是否是离群值？

解： 计算出平均值和标准偏差：

$$\overline{x} = 1.34\%, \quad s = 0.050\%$$

$$G_1 = \frac{1.34\% - 1.25\%}{0.050\%} = 1.80$$

查表 5-4，得

检出水平 $\alpha = 0.05$，临界值 $G_{0.95}(5) = 1.672$，因 $G_1 > G_{0.95}(5)$，判定 $x_1 = 1.25\%$ 为离群值。

剔除水平 $\alpha^* = 0.01$，临界值 $G_{0.99}(5) = 1.749$，因 $G_1 > G_{0.99}(5)$，判定 $x_1 = 1.25\%$ 为统计离群值。

5.3.5.3　狄克逊(Dixon)检验法

若有两个以上的异常数据时，用格拉布斯法就不一定有效，这时可采用狄克逊检验法来检验。狄克逊检验法使用极差计算，不必计算均值与标准偏差，优点是计算比较简单。许多文献资料上介绍的 Q 检验法就是简化了的狄克逊检验法。

当离群值个数为 1 时：

① 按表 5-5 中给出的公式计算出统计量 $D_n(D'_n)$ 的值。

② 确定检出水平 α，在表 5-5 中查出临界值 $D_{(n)}$。

③ 检验高端值，当 $D_n > D_{1-\alpha}(n)$ 时，判定 $x_{(n)}$ 为离群值；检验低端值，当 $D'_n > D_{1-\alpha}(n)$ 时，判定 $x_{(1)}$ 为离群值；否则判未发现离群值。

④ 对于检出的离群值 $x_{(n)}$ 或 $x_{(1)}$，确定剔除水平 α^*，在表 5-5 中查出临界值 $D_{1-\alpha}(n)$。检验高端值，当 $D_n > D_{1-\alpha}(n)$ 时，判定 $x_{(n)}$ 为统计离群值，否则判 $x_{(n)}$ 为歧离值；检验低端值，当 $D'_n > D_{1-\alpha}(n)$ 时，判定 $x_{(1)}$ 为统计离群值，否则判 $x_{(1)}$ 为歧离值。

表 5-5　单侧狄克逊（Dixon）检验的临界值表

n	检验高端离群值	检验低端离群值	$\alpha=0.05$	$\alpha=0.01$
3			0.941	0.988
4			0.765	0.889
5	$D_n=r_{10}=\dfrac{x_{(n)}-x_{(n-1)}}{x_{(n)}-x_{(1)}}$	$D'_n=r'_{10}=\dfrac{x_{(2)}-x_{(1)}}{x_{(n)}-x_{(1)}}$	0.642	0.780
6			0.560	0.698
7			0.507	0.637
8			0.554	0.683
9	$D_n=r_{11}=\dfrac{x_{(n)}-x_{(n-1)}}{x_{(n)}-x_{(2)}}$	$D'_n=r'_{11}=\dfrac{x_{(2)}-x_{(1)}}{x_{(n-1)}-x_{(1)}}$	0.512	0.635
10			0.477	0.597
11			0.576	0.679
12	$D_n=r_{21}=\dfrac{x_{(n)}-x_{(n-2)}}{x_{(n)}-x_{(2)}}$	$D'_n=r'_{21}=\dfrac{x_{(3)}-x_{(1)}}{x_{(n-1)}-x_{(1)}}$	0.546	0.642
13			0.521	0.615
14			0.546	0.641
15			0.525	0.616
16			0.507	0.595
17			0.490	0.577
18			0.475	0.561
19	$D_n=r_{22}=\dfrac{x_{(n)}-x_{(n-2)}}{x_{(n)}-x_{(3)}}$	$D'_n=r'_{22}=\dfrac{x_{(3)}-x_{(1)}}{x_{(n-2)}-x_{(1)}}$	0.462	0.547
20			0.450	0.535
21			0.440	0.524
22			0.430	0.514
23			0.421	0.505
24			0.413	0.497
25			0.406	0.489

【例 5-3】　用光电直读光谱测定某样品中的含硅量，5 次测定值分别为 2.63%、2.50%、2.64%、2.63%、2.65%，试用狄克逊检验法检验测定可疑

值 2.50％是否为离群值？

解： 在 $n=5$ 时，使用表 5-5 中所列公式计算统计量

$$D_5' = r_{10}' = \frac{x_{(2)} - x_{(1)}}{x_{(5)} - x_{(1)}} = \frac{2.63\% - 2.50\%}{2.65\% - 2.50\%} = 0.867$$

$n=5$，检出水平 $\alpha=0.05$，在表 5-5 中查出临界值 $D_{0.95}(5)=0.642$，因 $D_5' > D_{0.95}(5)$，故判定最小值 2.50％为离群值。

对于检出的离群值 2.50％，确定剔除水平 $\alpha^*=0.01$，查表得 $D_{0.99}(5)=0.780$，$D_5' > D_{0.99}(5)$，故 $x_{(1)}=2.50\%$ 为统计离群值。

当只有一个检出的离群值时，在标准偏差未知的情形下，格拉布斯检验的统计量使用了全部测量数据，将数据的分布与显著性水平联系起来，是较为严格的统计方法；而狄克逊检验只用了部分数据；故格拉布斯检验的功效最优，狄克逊检验稍逊一些，但相差不大。当 n 值较小时，建议使用格拉布斯检验法。

本小节介绍的离群值检验方法都是建立在随机样本测定值服从正态分布和小概率原理基础上且离群值数量上限为 1。在允许检出离群值的个数大于 1 的情况下，可按照 GB/T 4883—2008《数据的统计处理和解释 正态样本离群值的判断和处理》规定的检验规则进行检验。

5.4　测量不确定度的评定

定量分析都会引入误差，即使采取措施使得部分误差被消除或减小，测量结果中仍含有偶然误差和系统误差，即测量结果具有不确定性。因此，需要估算和评定测量结果的不确定度，才能获得完整的测量结果。

"不确定度"一词起源于 1927 年德国物理学家海森堡在量子力学中提出的不确定度关系，又称测不准关系。1970 年前后，一些国家计量部门开始相继使用不确定度概念。1980 年国际计量局（BIPM）起草了《实验不确定度建议书 INC-1》。1986 年，由国际标准化组织（ISO）等 7 个国际组织共同组成了国际不确定度工作组。1993 年，《测量不确定度表示指南》（简称 GUM）正式由国际标准化组织 ISO 颁布实施，在世界各国得到执行和广泛应用。1999 年，依据 GUM 我国起草制定了《测量不确定度评定与表示》（JJF 1059—1999）。2008 年，国际标准化组织等 8 个国际组织联合颁布了 2008 版《测量不确定度表示指南》。在 2008 版 GUM 发布后，2012 年，国家质量监督检验检疫总局组织修订并发布了 JJF 1059—2012，作为我国对测量结果及其质量进行评定、

表示和比较的统一准则。

5.4.1 测量不确定度相关概念

（1）测量不确定度

测量不确定度（measurement uncertainty）简称不确定度（uncertainty），是根据所用到的信息，表征赋予被测量值分散性的非负参数。

不确定度是国际上公认的表达测量结果质量的最佳方法，可理解为在一定概率置信水平下表征被测量的真值所处量值范围的估计。通过指明物理量所存在的区间及物理量存在于这个区间的概率的方法来表达测量结果，这就是不确定度的意义所在。

不确定度是测量结果水平高低的统一度量尺度。不确定度愈小，测量水平愈高，测量结果的使用价值愈高，反之亦然。当报告测量结果时，必须对测量结果的质量给出定量说明，确定测量结果的可信程度。测量不确定度就是对测量结果的质量的定量评定。

ISO/IEC 17025《检测和校准实验室能力的通用要求》指出："实验室的每个证书或报告，必须包含有关评定校准或测量结果不确定度的说明。特别是当分析测量结果处于产品质量标准的临界值，有可能判定被检产品不合格时，应该给出分析结果的不确定度。"

不确定度的采用使测量结果准确度的表达更科学、完整，有利于测量结果之间的比对、产品质量保证能力的评价，同时有利于根据测量结果做出有效的决策、判定。在全球经济一体化的今天，我国也应与世界接轨，规范测量不确定度的评定和表示方法。分析人员通过不确定度的评定可以更好地掌握影响测量结果准确度的主要因素、评价分析测量方法，提高人员和实验室的检测水平。

（2）标准不确定度

标准不确定度（standard uncertainty）指用标准偏差表示的测量不确定度，用符号 u 表示。

（3）合成标准不确定度

合成标准不确定度（combined standard uncertainty）指由在一个测量模型中各输入量的标准测量不确定度获得的输出量的标准测量不确定度，即几个标准不确定度的合成。用 u_c 表示。

（4）扩展不确定度

扩展不确定度（expanded uncertainty）指合成标准不确定度与一个大于

1的数字因子（包含因子）的乘积。用 U 表示。

$$U = k u_c$$

（5）包含因子

包含因子（coverage factor）指为获得扩展不确定度，对合成标准不确定度所乘的大于1的数，也称范围因子。通常用符号 k 表示。

（6）包含概率

包含概率（coverage probability）指在规定的包含区间内包含被测量的一组值的概率，用 p 表示。为避免与统计学概念混淆，不应把包含概率称为置信水平。

被测量的值落在包含区间内的包含概率取决于所取的包含因子 k 的值，k 值一般取 2 或 3。常用的正态分布情况下包含概率 p 与 k 值间的关系如表 5-6所示。

表 5-6　正态分布情况下包含概率 p 与 k 值间的关系

p	0.50	0.68	0.90	0.95	0.9545	0.99	0.9973
k	0.67	1	1.645	1.960	2	2.576	3

（7）包含区间

包含区间（coverage interval）指基于可获得的信息确定的包含被测量一组值的区间，被测量值以一定概率落在该区间内。为避免与统计学概念混淆，不应把包含区间称为置信区间。

5.4.2　不确定度的评定方法

不确定度往往由多个分量组成，按评定方法可分为两类：

（1）A 类评定

A 类评定（type A evaluation）指对在规定测量条件下测得的量值，用统计分析的方法进行的测量不确定度分量的评定。规定测量条件是指重复性测量条件、期间精密度测量条件或复现性测量条件。

贝塞尔公式法是不确定度 A 类评定的最基本、最常用的评定方法。对被测量进行独立重复测量，用对一系列观测值进行统计分析的方法，得到的实验标准偏差 $s(x)$ 就是 A 类标准不确定度的值。当用单次测量值作为被测量的估计值时，标准不确定度为单次测量的实验标准偏差 $s(x)$。即：

$$u(x) = s(x)$$

一般情况下，对同一被测量 x，独立重复观测 n 次，用算术平均值作为测量结果时，测量结果 A 类评定的标准不确定度为：

$$u(\overline{x}) = s(\overline{x}) = \frac{s(x)}{\sqrt{n}}$$

其中

$$s(x) = \sqrt{\frac{\sum(x_i - \overline{x})^2}{n-1}}$$

一般在测量次数较少时，可采用极差法获得 $s(x_k)$。在重复性条件或重现性条件下，对 x_i 进行 n 次独立测量，测得值中的最大值与最小值之差称为极差。在 x_i 可以估计接近正态分布的前提下，单次测得值 x_k 的实验标准偏差 $s(x_k)$ 可按下面公式近似地评定：

$$s(x_k) = \frac{R}{C}$$

式中，R 为极差；C 为极差系数，C 可由表 5-7 得到。

表 5-7　极差系数 C 及自由度 v

n	2	3	4	5	6	7	8	9
C	1.13	1.64	2.06	2.33	2.53	2.70	2.85	2.97
v	0.9	1.8	2.7	3.6	4.5	5.3	6.0	6.8

被测量估计值的标准不确定度按以下公式计算：

$$u(x) = s(\overline{x}) = s(x_k)/\sqrt{n} = \frac{R}{C\sqrt{n}}$$

A 类评定方法通常比用其他评定方法所得到的不确定度更为客观，并具有统计学的严格性，但要求有充分的重复测量次数。此外，这一测量程序中的重复测量所得的测得值，应相互独立。

（2）B 类评定

B 类评定（type B evaluation）指用不同于测量不确定度 A 类评定的方法进行的测量不确定度分量的评定。

B 类评定的方法是根据与被测量有关的信息或经验（权威机构发布的量值、校准证书和根据经验推断的极限值等）来分析判断被测量的可能值区间 $(\overline{x}-a, \overline{x}+a)$，根据概率分布确定 k，则 B 类评定的标准不确定度 $u(x)$ 可表示为：

$$u(x) = \frac{a}{k}$$

式中，a 为被测量可能值区间的半宽度。

B 类评定用到的信息来源主要有 6 种：①以往的测量数据；②对有关材

料和测量仪器性能的了解和经验；③生产厂家提供的技术说明书；④校准证书、检定证书、测试报告或其他文件提供的数据；⑤手册、技术文件等资料给出的标准偏差或不确定度；⑥检定规程、校准规范及各类标准中给出的参考数据。

在理化检测测量不确定度评定中，A 类和 B 类评定法不存在本质的区别，只是所用的数据处理、计算方法不同而已。A 类评定是用对观测列进行统计分析的方法，而 B 类是非统计方法（有的追溯源头可能也是由统计方法而得），在实际评定中应根据被评定量的现实情况按照可靠、简单、方便的原则来选取。

5.4.3 合成标准不确定度和扩展不确定度的计算

合成标准不确定度采用不确定度传播律计算（具体计算关系式可参考 CNAS-GL006《化学分析中不确定度的评估指南》），即：

$$u_c^2(y) = \sum_{i=1}^{n} \left(\frac{\partial f}{\partial x_i} \right)^2 u^2(x_i)$$

$$u_c(y) = \sqrt{\sum_{i=1}^{n} \left(\frac{\partial f}{\partial x_i} \right)^2 u^2(x_i)}$$

$$u_c = \sqrt{u_A^2 + u_B^2}$$

式中，$\dfrac{\partial f}{\partial x_i}$ 为标准不确定度的传播系数或灵敏系数；u_A 为 A 类评定的不确定度分量；u_B 为 B 类评定的不确定度分量。

扩展不确定度分以下两种：

① 扩展不确定度 U

扩展不确定度 U 由 u_c 乘以包含因子 k 得到，即：

$$U = ku_c$$

其意义是，在 $[y-U, y+U]$ 的区间包含了测量结果可能值的较大部分。k 一般取 2～3。

$k=2$，包含概率约为 95%，大部分情况下推荐使用该值；$k=3$，包含概率约为 99%，某些情况下使用。

② 扩展不确定度 U_p

扩展不确定度 U_p 由 u_c 乘以给定包含概率 p 的包含因子 k_p 得到，即：

$$U_p = k_p u_c$$

其意义是，在 $y-U$ 至 $y+U$ 的区间内，以概率 p 包含了测量结果的可能值。

5.4.4 火花放电原子发射光谱法(光电直读光谱分析法)测量不确定度的评定步骤

光电直读光谱分析法测量不确定度的评定可参照 GB/T 28898—2012《冶金材料化学成分分析测量不确定度评定》执行。具体评定步骤如下：

（1）分析方法概述

对所采用的分析方法进行清晰、准确的描述，描述内容包括方法名称、试样状态、所使用的标准物质和测量仪器、试样和标准物质的测量次数及测量参数等，这些信息和参数与测量不确定度评定密切相关。

（2）建立数学模型

建立样品中元素含量与光谱强度（或相对强度）的关系，如呈线性关系时，可用线性方程 $I=a+bC$ 表示。

（3）不确定度来源的识别

测量不确定度的来源是多方面的，在实际评定中，不可能将所有来源一一进行分析，而应抓住主要来源，有些影响小的不确定度来源可以忽略不计。火花放电原子发射光谱法测量不确定度的主要来源为：测量重复性的不确定度；校准曲线线性拟合的不确定度；标准样品标准值的不确定度；高、低标校正的不确定度；被测样品基体不一致引起的不确定度。

（4）不确定度分量的评定

① 测量重复性不确定度分量　根据重复测量数据，可利用 A 类评定方法计算其重复性标准不确定度 $u(s)$ 和相对标准不确定度 $u_{rel}(s)$。如未给出重复测量数据，也可引用测量方法的重复性限或同条件下操作的测量数据来估计其重复性标准不确定度。

② 校准曲线线性拟合的不确定度分量　绘制校准曲线需要 n 个标准样品，可通过采集被测元素光谱强度（或相对强度）与质量分数（含量）数据来拟合校准曲线，设校准曲线截距为 a，斜率为 b，则校准曲线回归方程可表示为：

$$I=a+bC$$

根据测量数据，式中 a 和 b 可用最小二乘法进行统计计算得出：

$$a=\bar{I}-b\,\bar{C}$$

$$b = \frac{\sum (C_i - \overline{C})(I_i - \overline{I})}{\sum (C_i - \overline{C})}$$

式中，$\overline{I}$ 为 n 个标准样品中待测元素的光谱强度的算数平均值；I_i 为各标准样品中待测元素的光谱强度；$\overline{C}$ 为 n 个标准样品中待测元素含量标准值的算数平均值；C_i 为各标准样品中待测元素的含量（质量分数），%。

则被测量 C 的标准不确定度可利用以下公式求得：

$$u_c = \frac{s_R}{b} \sqrt{\frac{1}{P} + \frac{1}{N} + \frac{C - \overline{C}}{\sum (C_i - \overline{C})}}$$

式中，$s_R = \sqrt{\dfrac{\sum [I_i - (a + bC_i)]^2}{n - 2}}$；$N$ 为标准样品的测量次数，如校准曲线绘制时使用了 n 个标准样品，即校准曲线上有 n 个点，每个点的光强通常是激发测量 3 次后的算数平均值，则 $N = n \times 3$；P 为被测样品的测量次数，如某样品重复激发测量 4 点，则 $P = 4$。

③ 标准样品标准值的不确定度分量　绘制校准曲线的每个标准样品待测元素的标准值都有相应的不确定度 $u(C_{B_i})$，其标准值的不确定度通过校准曲线传递给被测样品。

光谱分析标准样品证书给出了标准样品的定值参数，包括各元素的标准值、不确定度及测量组数（n）等信息，如证书中未给出不确定度信息，则可通过给出的标准偏差 s，利用公式：$u = s/\sqrt{n}$，计算其不确定度。各元素相对标准不确定度 u_{rel} 可由各元素不确定度除以测量值求得。

各标准样品标准值对测量的影响可用标准样品待测元素相对标准不确定度的均方根来表示：

$$u_{rel}(C_B) = \sqrt{\frac{\sum u_{rel}^2 (C_{B_i})}{n}}$$

式中，$u_{rel}(C_{B_i})$ 为第 i 个标准样品待测元素的相对标准不确定度。

④ 高、低标校正的不确定度　仪器使用一段时间后，由于环境温度和湿度、氩气纯度和压力、实验室的震动、样品状态等因素的变化，校准曲线（工作曲线）发生漂移，需要选取两个含量分别在工作曲线上限和下限附近的标准化样品，即采用高、低标对曲线进行校正（标准化）。因此，高、低标校正会影响测量不确定度。根据校正时的测量数据，或引用绘制校准曲线时该两点测量的数据，计算其测量强度的标准偏差、标准不确定度和相对标准不确定度，

以其相对标准不确定度的均方根作为高、低标校正的标准不确定度分量，可表示为：

$$u_{\mathrm{rel}}(A) = \sqrt{\frac{u_{\mathrm{rel}}^2(C_{\mathrm{BL}}) + u_{\mathrm{rel}}^2(C_{\mathrm{BH}})}{2}}$$

其中，$u_{\mathrm{rel}}^2(C_{\mathrm{BL}})$ 为低标测量的相对标准不确定度；$u_{\mathrm{rel}}^2(C_{\mathrm{BH}})$ 为高标测量的相对标准不确定度。

⑤ 内标元素浓度不一致引起的不确定度　光电直读光谱分析中一般以基体元素作为内标元素，要求被测样品和标准样品中的基体含量基本一致。事实上样品与标准样品的基体含量不可能完全一样，这就带来测量结果的不确定度。标准样品间基体的不一致已体现在校准曲线的变动性中，故不再计算其不确定度分量。

内标元素为铁时，铁的谱线强度并不与铁量成线性关系，低合金钢中，1%铁量的差异引起其谱线强度的变化大概为 0.3%。设样品与标准样品间铁量相差 1%，铁量差异引起铁内标的谱线强度的差异为 0.3%，按均匀分布，相应的标准不确定度 $u(\mathrm{Fe}) = 0.3\% / \sqrt{3} \approx 0.17\%$。设铁的平均含量为 95%，则 $u_{\mathrm{rel}}(\mathrm{Fe}) = 0.17\% / 95\% = 0.0018$。

⑥ 其他影响因素　测量过程中仪器波动（光电倍增管增益的变动性、暗电流的变动性）可引起待测元素光谱强度的变化。在样品测量时，这些变化已体现在校准曲线线性拟合和测量重复性的不确定度中，不再重复评定。

由于仪器光谱强度的读数数以千计、万计，光强读数在十位数变化，因此仪器显示值的标准不确定度可以忽略不计。

（5）合成标准不确定度和扩展不确定度的评定

各不确定度分量不相关，以各分量的相对标准不确定度的方和根，计算相对合成标准不确定度：

$$u_{\mathrm{crel}}(w_M) = \sqrt{u_{\mathrm{rel}}^2(s) + u_{\mathrm{rel}}^2(c) + u_{\mathrm{rel}}^2(C_B) + u_{\mathrm{rel}}^2(A) + u_{\mathrm{rel}}^2(w_{\mathrm{Fe}})}$$

式中，$u_{\mathrm{rel}}(c)$ 为标准样品标准值的不确定度。

由相对合成标准不确定度 $u_{\mathrm{crel}}(w_M)$ 计算合成标准不确定度 $u_{\mathrm{c}}(w_M)$。

$$u_{\mathrm{c}}(w_M) = \overline{w} u_{\mathrm{crel}}(w_M)$$

式中，$\overline{w}$ 为样品质量分数的平均值，%。

取 95% 置信水平，包含因子 $k = 2$，计算扩展不确定度 U：

$$U = u_{\mathrm{c}}(w_M) \times 2$$

光电光谱分析技术
与应用

5.4.5 测量结果及不确定度表达

完整的测量结果应报告被测量的估计值及其测量不确定度以及有关的信息。报告应尽可能详细，以便使用者可以正确地利用测量结果。只有对某些用途，如果认为测量不确定度可以忽略不计，则测量结果可以表示为单个测得值，不需要报告其测量不确定度。

测量结果的不确定度以扩展不确定度表示。通常扩展不确定度与测量结果一起表示，并说明包含因子 k 值。测量不确定度通常取 1 位或 2 位有效数字。在报告最终结果时，可采用最末位后面的数都进位而不是舍去，也可采用一般修约规则。测量结果和扩展不确定度的数位应保持一致。计算过程为避免修约产生的误差可多保留 1 位有效数字。

例如，用光电直读光谱测定某低合金钢中硅的质量分数为 0.51%，评定的扩展不确定度 U 为 0.01%，则硅的测量结果及不确定度可表示为：

$$w_{Si} = (0.51 \pm 0.01)\%, \quad k = 2;$$
$$或\ w_{Si} = 0.51\%, \quad U = 0.01\%, \quad k = 2;$$
$$或\ w_{Si} = 0.51 \times (1 \pm 0.02)\%, \quad k = 2。$$

5.5 有效数字与修约规则

任何定量分析的测量结果都是有误差的，都是近似值。测量结果应不仅能够反映测量数值的大小，它的位数还反映了测量的准确程度。在测量的准确度范围内，有效数字的位数越多，意味着测量的准确度越高。因此，在实验过程中，测量数据位数的取舍不是随意的，而应与分析方法、测量仪器的准确度相匹配。实验数据记录和运算时，数据位数应如何保留，是实验数据处理的重要问题。

5.5.1 有效数字的概念

所谓有效数字，是指分析工作中实际能够测定到的数字，包括若干位确定的数字及一位不确定的数字（可疑数字或欠准数字）。最后一位数字虽然不够准确，但仍然是可信的，记录时，应保留这位数字。

例如：25.00ml 的滴定管刻度准确到 0.10ml，读数时须估读到 0.01ml，即应记录四位有效数字。如记录 21.35ml，则前三位为准确数字，最后一位"5"是估读的，不同操作人员对最后一位的估计可能稍有差别。

又如：用 10ml 的量筒量取 10ml 溶液，由于只能准确到 1ml，因此只能记录为两位有效数字 10ml，即有可能存在 ±1ml 的误差。而用 10.00ml 的移液管量取 10ml 溶液，则数据应记录为 10.00ml，因为移液管可以准确到 ±0.01ml。

有效位数是有效数字的位数。

例如：　0.0035　　2 位有效数字

　　　　1.037000　7 位有效数字

　　　　3.7×10^4　　2 位有效数字

从上例可以看出，对于 $a \times 10^n$ 形式表示的数值，其有效数字的位数由 a 中有效位数来决定。在其他 10 进位数中，从一个数的左边第一个非"0"数字起，到末位数字止，所有的数字都是这个数的有效数字。简单地说，把一个数字前面的"0"都去掉，从第一个正整数到精确的数字为止所有的都是有效数字。

0～9 都是有效数字，有效数字中的每一个数字都很重要。"0"既是有效数字，也可做定位用的、与测量准确度无关的数字，数值中出现"0"时要作具体分析。在有效数字位数中的"0"，如小数末尾数字为"0"时，不能随意取舍，否则会改变有效数字的位数，影响数据的准确度。

例如：用分度值为 0.0001g 的分析天平称得某样品的质量为 0.4990g，有效位数为四位。这一数值中，0.499 是准确的，最后一位数字"0"是可疑数字，可能误差为 ±0.0001g，即其实际质量是在 0.4990±0.0001g 之间，此时称量的绝对误差为 ±0.0001g，相对误差为 ±0.0001g/0.4990g＝±0.02%。若将上述称量结果写成 0.499g，则有效位数为三位，代表该样品是在分度值为 0.001g 的天平上称取的，它的实际质量在 0.499±0.001g 之间，则称量的绝对误差为 ±0.001g，相对误差为 ±0.001g/0.499g＝±0.2%，相对误差扩大了十倍。如果一称量数据为 0.06050g，该数据有四位有效数字，说明该称量可准确到 0.00001g，前面两个"0"是定位用的，末尾"0"为有效数字不能舍弃。

在没有小数位且以若干"0"结尾的数值中，有效数字位数应减去无效"0"（定位用）的个数。例如：45000 若有两个无效零，则为三位有效位数，应写作 450×10^2 或 4.50×10^4；若有三个无效零，则为两位有效位数，应写作 45×10^3 或 4.5×10^4。

非连续型数值（如个数、分数、倍数、量纲等）是没有可疑数字的，其有效位数可视为无限多位。例如，H_2SO_4 中的 2 和 4 是个数，有效位数可视为无限多位。

分析中遇到的对数值（如 pH，lgC 值等），其有效位数是由其小数点后的位数决定的，其整数部分只表明其真数的乘方次数。例如：pH=11.26，代表 $[H^+]=5.5\times10^{-12}\,mol/L$，其有效数字只有两位。

有效数字的位数与量的使用无关，不能因为变换单位而改变有效数字的位数。例如：0.0256g 的有效位数为 3 位，用毫克表示它的时候应为 25.6mg，用微克表示时应为 $2.56\times10^4\,\mu g$，不能表示为 $25600\mu g$（有效位数 5 位）。

若一数据的第一位有效数字为 8 或 9 时，则有效数字的位数可多算一位，如 9.72，很接近 10.00，可看作四位有效数字。

5.5.2　有效数字的修约规则

有效数字的修约是指通过省略原数值的最后若干位数字，调整所保留的末位数字，使最后所得到的值最接近原数值的过程。经数值修约后的数值称为原数值的修约值。

有效数字位数确定后，多余的位数应按照 GB/T 8170—2008《数值修约规则与极限数值的表示和判定》中的数值修约规定作修约处理。多余数字修约时，一般采用"四舍六入五成双"规则。具体进舍规则为：

① 拟舍去数字的最左一位数字小于 5 时，则舍去，保留的各位数字不变。例如：将 10.1448 修约成 3 位有效数字，为 10.1；将 12.1448 修约到小数点后两位，得 12.14。

② 拟舍去数字的最左一位数字大于 5 或等于 5 且其后跟有并非全部为 0 的数字时，则进 1，即保留的末位数字加 1。例如：将 1.060 修约成 2 位有效位数，得 1.1；将 10.502 修约成 2 位有效数字，为 11。

③ 拟舍去数字的最左一位数字为 5，而右面无数字或均为 0 时，若拟保留的末位数字为奇数（1，3，5，7，9）则进一，为偶数（2，4，6，8，0）则舍去。例如：将 1.350 修约成 2 位有效位数，得 1.4；将 1.050 修约成 2 位有效数字，为 1.0；

④ 不得连续修约：拟修约的数字在确定修约位数后应一次修约获得结果，不得多次连续修约。例如：将 1.149 修约成 2 位有效位数，得 1.1，而 1.149→

1.15→1.2 是错误的；将 11.4546 修约成 2 位有效位数，得 11，而 11.4546→
11.455→11.46→11.5→12 是错误的。

5.5.3 有效数字运算规则

定量分析中，往往需要经过计算求得测量结果，在计算分析结果时，必须
按照下列有效数字的运算规则，合理取舍各数据的有效数字位数。

（1）加减法

结果的有效数字位数应与绝对误差最大的数据相对应，须以小数点后位数
最少者为依据对其他数据进行取舍后再计算。

例如：$3.83+25.0279-7.523=21.34$

上式中，3.83 的绝对误差最大，为 0.01，计算结果的有效数字位数应以
它为准，即保留到小数点后第二位，其余两个数据应修约至小数点后第二位后
再进行加减运算。

（2）乘除法

结果的有效数字位数应与相对误差最大的数据相对应，须以有效数字位数
最少者为依据对其他数据进行取舍后再计算。

例如：$12.52×0.0861÷3.8721=0.278$

上式中，0.0861 的有效数字位数最少，绝对误差最大，计算结果的有效
数字位数应以它为准，即保留三位有效数字，其余两个数据应修约至三位有效
数字后再进行运算。

（3）注意事项

① 计算式中用到的常数，如 π 及乘除因子如 $\sqrt{2}$ 等，可以认为其有效数字
的位数是无限的，不影响其他数字的修约。

② 对数计算中，对数小数点后的位数应与真数的有效数字位数相同。如：
$[H^+]=5.5×10^{-12}$ mol/L，pH＝11.26。

③ 误差和标准偏差的有效数字一般取一位有效数字，最多不超过二位。

思 考 题

（1）名词解释：准确度、正确度、精密度、误差、偏差、标准偏差、不确
定度。

（2）简述误差的分类及各类误差的性质、特点。

（3）光电光谱分析产生误差的主要原因是什么？

（4）如何提高光谱分析的准确度？

（5）如何确知分析结果的可接受性？

（6）不确定度的意义是什么？它与误差有何区别？

（7）简述不确定度的基本概念。

（8）简述修约原则。

（9）测量数据为：3.75，3.72，3.73，3.70，3.74，请计算数据的平均值、标准偏差和相对标准偏差。

（10）对某种样品测量 10 次，其数据经排列后为：4.7，5.4，6.0，6.5，7.3，7.7，8.2，9.0，10.1，14.0，经验表明测量数据服从正态分布，用格拉布斯法检查这些数据中是否存在上侧离群值。

第 6 章

光电直读光谱仪的选购、验收与检定

6.1 仪器的选型

6.1.1 光电直读光谱仪的分类

目前光谱仪生产厂家和型号众多，按照仪器外观及应用情况可分为三类：

① 大型直读光谱仪（落地式），仪器体积较大，稳定性较好，同品牌各型号中价位较高，适用于各种金属材料的准确定量分析，这类仪器对实验室安装条件要求较高。

② 台式直读光谱仪，仪器体积较小，放置于工作台上，可用于各种金属材料的准确定量分析，对实验室安装要求较高。

③ 便携式直读光谱仪，体积较小，放置在可移动的小推车上，主要用于大工件、现场材料牌号识别及材料分类。

按照采用的检测器类型可分为：

① 通道型直读光谱仪，采用光电倍增管作为检测器，仪器体积较大，外观为落地式，具有稳定性好、检出限低、准确度高等优点，但价位相对较高，且每个光电倍增管对应一个通道，只能测量一条谱线，器件成本高、调试工艺复杂。通道型直读光谱仪广泛适用于各类金属材料的检测，也可适应纯金属或者痕量元素的测定要求。

② 全谱型直读光谱仪，采用固态检测器（CCD、CMOS等）作为检测器，外观多为台式或便携式，具有体积小、重量轻、测量范围宽等优点，每条CCD(CMOS)可以测量多条谱线，后期仪器增加测量元素也比较简单，一般只需升级软件即可。全谱型光谱仪的检出限一般比通道型仪器要高，较不适宜分析纯金属或痕量元素的分析，适用于一般合金材料的分析。

③ 混合型直读光谱仪，采用光电倍增管和固态检测器两种检测器，兼顾了光电倍增管的低检出限和固态检测器的全谱采集特性，可集合两类检测器的优点，微量、痕量元素用光电倍增管检测，常量及高含量元素用固态检测器检测。

按照光源的不同可分为：

① 火花直读光谱仪，激发系统采用火花作为光源，仪器分析速度快、测量精密度高，但检出限也较高，不适合分析纯金属，在冶金、机械行业应用广泛。

② 电弧直读光谱仪，激发系统采用电弧作为光源，仪器激发时间长，测量灵敏度高，但精密度较差，适合分析高纯样品、粉末状样品和非导电性样

品，在地矿、有色冶金行业有一定应用。

短波元素（如 C、N、S、P）的特征谱线在真空紫外区，这部分谱线极易被空气中的氧气、水蒸气等吸收，如需测量这些元素则应采取措施以保证光路中这些谱线不被吸收，常用的措施有抽真空和充入惰性气体。按照光室的气氛不同，仪器可分为：

① 真空型直读光谱仪，利用真空泵系统以连续抽真空或断续抽真空的方式保证光室内真空度符合设备要求。

② 充气型直读光谱仪，光室采用高纯惰性气体保护，其中氩气吹扫方式比较常见。这两类仪器均可测定短波元素，适用于钢铁和有色金属合金的分析。

③ 空气型直读光谱仪，这类仪器无法测定发射波长在真空紫外区的 C、N、S、P 元素，适用范围相对较小。

6.1.2 仪器选型相关知识

（1）基体

泛指多相材料的主要组成部分。在金属材料中，指主要相或主要聚集体，即复相合金的主要组分。组成合金的主要成分金属叫基体金属，简称基体。如钢、铸铁中铁元素含量最高，基体为铁；纯铜、铜合金中铜元素含量最高，基体为铜。光电直读光谱仪可检测铁基、铜基、铝基、镍基、钴基、镁基、锌基、锡基等十几种基体的金属材料。如某实验室的检测对象复杂，涉及不止一个基体，则需配置多基体的检测硬件及软件。

（2）分析程序

分析程序是指分析软件根据分析材料的不同材质和分析参数所做的不同分类。不同分析程序下的分析参数有所不同，可准确分析的样品材质亦不同。最常见的铁基材料，国内各种钢铁牌号就达几百种之多，各个国家之间的牌号也不相同，所有牌号的钢铁材料放在一个分析程序下检测是不现实的。一般需对材料进行分类，相同类别或成分相近的牌号在一个分析程序下测量。铁基材料分析一般涉及以下几个程序：

① 碳钢、中低合金钢程序　碳素钢和中低合金钢中的 C 含量小于 2%，合金元素含量一般小于 3%，标准中所要求的应检元素都为：C、Si、Mn、P、S 及合金元素，这些钢种可归到此程序下分析。

② 高合金钢程序　高合金钢中合金元素含量一般不小于 10%，常见的高合金钢有不锈钢、耐热钢等，此程序下合金元素的分析范围较宽。

③ 铸铁程序　普通铸铁、球墨铸铁中 C 含量不小于 2%，合金元素总量

较低，这类样品须通过炉前制取白口化样品后分析。

④ 高速工具钢程序　高速钢是一种复杂的钢种，含碳量一般在0.70%～1.65%之间。合金元素含量较高，总量可达10%～25%。如钨系高速钢（含钨量9%～18%）、钨钼系高速钢（含钨量5%～12%，含钼量2%～6%）、高钼系高速钢、钒高速钢、钴高速钢等均需建立此分析程序。

⑤ 高锰钢程序　高锰钢涉及牌号较少，碳含量一般为0.90%～1.50%，锰含量为10%～15%，如高合金钢程序中锰元素分析范围涵盖此含量，可不设置此分析程序。

⑥ 特种高合金铸铁程序　高合金铸铁是在普通铸铁中加入硅、锰、磷、镍、铬、铝等合金元素而具有特殊性能的铸铁，如高铬铸铁、高铬钼铸铁、高镍铬铸铁等，这类材料中碳、硅及合金元素含量均较高，普通铸铁程序下无法分析此类材料。

部分仪器会设置某基体通用程序，此程序一般元素含量范围较宽，但分析准确度不高，当工作中遇到某些未知样品时，可在此程序下分析并获得元素的大致含量，再进一步选取合适的分析程序与控制样品进行常规分析即可。

（3）工作曲线

光电直读光谱定量分析多采用原始校准曲线法，一般仪器出厂前，仪器制造厂商会根据所签订的技术协议内容，为用户预制一套校准曲线作为工作曲线，这些工作曲线存储于操作软件中，作为日常分析的定量依据。工作曲线建立的是含量与光强（强度比）之间的关系，各曲线含量范围均取决于最初购买时签订的技术协议。一个元素至少对应一条工作曲线，同一元素的不同曲线往往存在于不同的分析程序中，对应的元素含量范围也是不同的。图6-1为铬元素在低合金钢程序［图6-1(a)］与不锈钢程序［图6-1(b)］中的工作曲线，可以看出铬元素在这两个程序中可分析的含量范围是不同的。

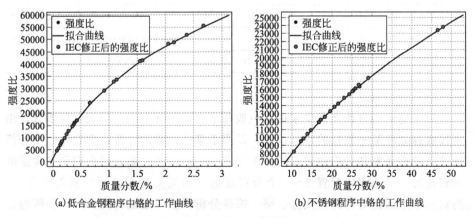

(a)低合金钢程序中铬的工作曲线　　　　(b)不锈钢程序中铬的工作曲线

图6-1　铬的工作曲线

某用户铁基材料中部分元素常用工作曲线分析范围见表 6-1。

表 6-1 铁基材料中部分元素常用工作曲线分析范围

单位：%（质量分数）

分析元素	分析程序				
	低合金钢 Fe1	不锈钢 Fe2	高锰钢 Fe3	铸铁 Fe4	高铬铸铁 Fe5
C	0.001～2.00	0.001～2.20	0.001～2.00	1.50～4.50	1.30～4.00
Si	0.001～3.20	0.001～4.50	0.001～2.00	0.01～4.0	0.01～2.00
Mn	0.001～2.00	0.001～16.00	3.00～20.00	0.001～2.00	0.001～2.50
P	0.001～0.10	0.001～0.10	0.001～0.15	0.001～1.50	0.001～0.30
S	0.001～0.10	0.001～0.10	0.001～0.10	0.001～0.20	0.001～0.10
Cr	0.001～5.50	5.00～35.00	0.001～3.00	0.001～3.00	9.00～32.00
Ni	0.001～5.00	0.001～3.00	0.001～4.00	0.001～3.00	0.001～3.00
Mo	0.001～1.70	0.001～4.00	0.001～2.00	0.001～2.00	0.001～3.50
V	0.001～0.70	0.001～0.50	0.001～0.70	0.001～1.00	0.001～0.50
Ti	0.001～0.30	0.001～2.50	0.001～0.30	0.001～0.20	0.001～2.50
Cu	0.001～1.00	0.001～4.00	0.001～1.00	0.001～2.00	0.001～2.00
Al	0.001～2.00	0.001～1.20	0.001～0.30	0.001～1.00	0.001～1.20
Co	0.001～0.50	0.001～1.00	0.001～0.50	0.001～0.20	0.001～1.00
Nb	0.001～0.30	0.001～1.50	0.001～0.30	0.001～0.10	0.001～1.50
W	0.003～3.30	0.01～5.00	0.01～3.30	0.005～0.30	0.001～3.00
Mg	0.0001～0.010	0.0001～0.01	0.0001～0.010	0.001～0.15	0.0001～0.01
Sn	0.001～0.15	0.001～0.10	0.001～0.15	0.001～0.30	0.001～0.10
Zn	0.001～0.050	0.001～0.050	0.001～0.30	0.001～0.05	0.001～0.050
N	0.0001～0.050	0.001～0.50	0.0001～0.050	0.0001～0.05	0.001～0.50
B	0.0005～0.10	0.0010～0.10		0.0003～0.05	

（4）分析通道

对于通道型直读光谱仪来说，一般每个出射狭缝对应一个光电倍增管，用来接收并处理某一波长的特征谱线，即用于某一元素的分析，称之为一个分析通道。分析元素和分析通道之间并不都是一一对应的关系，当个别元素含量范围较宽时，可能需要配置 2～3 个分析通道。如某实验室主要分析低合金钢、高锰钢、不锈钢等材料，则锰、铬、镍等分析元素一般配置至少两个分析通道才可满足检测要求。同一元素的不同分析通道检测的是不同波长的特征谱线，每种元素激发产生的特征谱线数目众多，定量分析时，通常根据试样中被测元素的含量高低，可选择不同浓度对应的灵敏线作分析用的谱线，常见元素一般会建立1～3条谱线对应的分析通道。

如：测量铝基材料中的硅元素时，硅在不同的含量范围对应不同波长的灵敏线，在低含量范围，一般选用波长为288.1nm的灵敏线，在高含量范围，一般选用波长为390.5nm的灵敏线。测量铁基材料中的锰元素时，在低含量范围，一般选用波长为293.3nm的灵敏线，在高含量范围，一般选用波长为263.8nm的灵敏线。

（5）分析元素

光电直读光谱仪可分析发射谱线波长范围在120～800nm的元素，也就是说金属材料中的大多数元素均可采用此方法分析。如铝基材料中常见的分析元素有：Al、Si、Fe、Cu、Mn、Mg、Zn、Ti、Ni、Cr、Ca、Ga、V、Sn、Pb、Zr、Be、Sr等。铁基材料中常见的分析元素有：Fe、C、Si、Mn、P、S、Cr、Ni、Mo、Al、Co、Cu、Nb、Ti、V、W、As、Sn、B、Ca、Pb、Sb、La、Se、Bi、N等。铜基材料中常见的分析元素有：Cu、Zn、Pb、Sn、Al、As、Fe、Mn、Ni、Si、P、Be、Co等。

（6）其他主要技术指标

以某型号光电直读光谱仪技术指标为例（如表6-2所示）。

表 6-2　某型号光电直读光谱仪的主要技术指标

激发系统	光源	脉冲合成全数字光源，频率：100～1000Hz，无需辅助间隙
	火花台	开放式水平火花台，孔径：13mm，可选配各种小样品分析夹具，冷却方式：风冷
光学系统	分光装置	帕邢-龙格装置
	曲率半径	600mm
	光栅	凹面全息离子刻蚀衍射光栅
	刻线数	3600条/mm
	线色散率	0.37nm/mm
	波长范围	140～670nm
	光室环境	流动冲氩紫外光学系统，恒温在30℃±0.5℃
测光系统		多块高分辨率、数字化全谱检测器，克服了通道型仪器选择和扩展通道的局限性
分析软件		基于windows操作系统的汉化操作软件，方便实用、操作简单，专用数据管理软件实现数据的再现存储，传输和打印
分析时间		30s内

6.1.3 仪器的选型

一般实验室对直读光谱仪的基本要求是：分析能力、测量范围满足检测需求；仪器精密度高，稳定性好，准确可靠；仪器操作简单，易于维护，故障率低；购买及运行成本合理；售后服务及时有效。

仪器出厂前，制造厂商依据签订的技术协议会提前将光电直读光谱仪组装调整好，整机发货。仪器的分析基体、分析通道，分析元素的种类和分析含量范围，工作曲线等均已设定，仪器购进后若再更改较为复杂，所以仪器订购时的前期准备工作十分重要。在众多的型号中如何选择一台适用性强、稳定性好、性价比高的直读光谱仪，需经过详细的调研和科学的论证。用户在仪器选型时应充分考虑以下三个方面。

（1）仪器类型

在选购仪器时，首先应明确检测任务、检测地点和仪器用途，以确定适合的仪器类型，明确检测对象的材质和牌号，以确定基体、分析程序和元素含量范围等基本信息。

光电直读光谱仪属于一次性投入较大的专用分析仪器，要求选型时本着满足当前需求，适度超前储备的原则。拟购仪器不仅应能满足现阶段检测需求，同时应适当考虑可能增加的检测任务。可检元素数量及含量范围最好留有余量，以免一旦任务有扩展而现有仪器设备不适用，以致需重新购置仪器或者对现有仪器进行升级改造。

（2）仪器主要性能

确定仪器类型后，应着重考察仪器的主要性能是否满足要求。光电直读光谱仪的主要性能指标有短时精密度、长期稳定性、检出限等。这些指标综合反映了仪器的产品性能、质量优劣，同时也是仪器验收或检定时的重要指标。调研时，用户可通过查看此类仪器的验收报告等资料对性能指标进行考察。

现场考核也是一种直观有效的考察方式，即用户选取实际样品在拟购同型号样机上进行现场检测，通过检测数据可直接反映此仪器测量的精密度、准确度、检出限和灵敏度等指标；也可进行长时间精密度试验，以考察仪器的稳定性。选取的样品应满足可充分考察仪器性能的要求，应具有检测代表性，一般要求样品既有微量、痕量元素（如 P、S、N、超低 C 等）以反映仪器的检出限和灵敏度，又有主量元素以反映测量的精密度、准确度等指标。

（3）仪器价位

全面了解仪器价位情况，包括仪器主机、配件、耗材等价格水平及仪器售后维保等收费信息。

随着中国市场规模的逐年扩大及国产光谱仪生产技术的逐渐成熟，光电直读光谱仪的市场竞争愈发激烈，价格也不断下降，光谱仪已然由贵重仪器步入常规分析仪器行列。即便如此，在选型时应注意不能过分追求低价位，应注重鉴别低价是否建立在牺牲仪器性能的代价之上。同时，盲目追求进口高端仪器也是不可取的，通常高端型号的光谱仪对实验室环境、氩气质量及耗材的要求都是极高的。普通用户在预算有限的前提下推荐选购能够满足本单位检测要求、性价比合理的光谱仪即可，而研究型实验室、高水平检测机构等可选购价位较高、性能较优的仪器。

6.2 光电直读光谱仪的安装、调试、验收

6.2.1 光电直读光谱仪的安装条件

光电直读光谱仪属于大型精密分析仪器，外界环境的变化会给测量带来一定的误差。光谱实验室在选址及设计时不仅应考虑工作的方便，同时还要充分考虑到环境要求。一般仪器厂商在仪器安装前会提前沟通安装要求，用户应按照安装说明书对实验室进行必要的装修及准备。主要安装条件如下：

① 光谱实验室应能控制合适的温度、湿度，满足防震、防尘、防噪声的要求，且有足够的空间。不同类型的仪器要求的空间大小不同，尽量做到实验室面积适中，注意远离有害、易燃及腐蚀性的气体。

如选购的仪器为落地式光电直读光谱仪，因体积较大，考虑安全性和便捷性，光谱实验室最好选址在一楼，实验室房门尽量设计成宽度不小于1.5m、外开的双扇门形式。台式仪器因体积较小、重量较轻，可不受上述要求限制。

实验室应配备空调及温湿度计，室温一般控制在 15～25℃，每小时变化<5℃，相对湿度控制在 20%～80%，湿度大的地区应配备除湿机。仪器对温差较为敏感，应避免阳光直射或空调直吹，朝阳的房间需配备窗帘。为保证仪器光学系统的稳定性，实验室应远离振动源，地面振幅应小于 10μm。落地式仪器可放置在橡胶减震垫上，以降低震动。

电磁干扰的存在将使测量数据的稳定性变差，漏电及感应电的存在和大

小，直接影响到仪器的噪声大小与变化，进而影响仪器的检出限，实验室选址应注意远离强电场、磁场或其他放射源。

② 应配备专用的光谱制样室和气瓶存放间。

③ 应配备两瓶满足纯度要求的高纯氩气（也可选用液氩）和一套氧气减压阀，如氩气纯度不达标应配备氩气净化器。

④ 应配备独立专用地线，接地电阻值要求尽量小于 1Ω，最大不超过 4Ω。为获得良好的接地效果，防止电磁干扰及保证人身安全，光谱仪的接地保护必须按照安装要求敷设专用地线。采用建筑物公用接地或利用金属构件、管道（暖气管道、水管等）等自然接地体接地均是不可取的。各地区的土质不同且难以改变，为了降低接地电阻所能采用的方法一般有增大接地体的有效面积（长度）、加大接地体的埋设深度、使用降阻剂、良好的接地体及接地引线材料以及合理的施工方法。光谱仪接地多数采用水平接地方式，即使用导电率较高的铜板水平敷设于地坑中，少数采用铜棒作为接地体进行垂直敷设，不建议使用造价较低的钢板、钢管、角钢等接地体。接地线一般采用整根截面积为16～25mm² 的铜芯绝缘导线或铜条。

⑤ 应配备合适的制样设备。一般有色金属及其合金试样因质地较软，需要通过小车床制样，钢铁等黑色金属多采用磨样机或立式砂轮制备。如分析样品外观不适宜直接制样，需配备一台切割机。

⑥ 应准备用于类型校准化的控制样品。控制样品通过用户自制或者购买市售光谱标准样品的方式获得。自制控制样品校准效果较好，制作步骤一般为：选取形态适合的产品、原材料或熔融状金属铸模成型，通过均匀性检查后，选取均匀性好的样品进行定值，定值一般需要三个实验室参与，最终的标准值为三家数据的平均值，应注意标准值定值误差以及数据、方法的可溯源性。市售控制样品定值相对准确，获得简单，但多为锻造或轧制状态，使用时应注意是否存在因与分析样品冶炼过程不同对分析结果带来的影响。

⑦ 应配备合适的电源和稳压器。为稳定电压，保证仪器的正常使用，需配备一台单相220V，功率为 3～5kV·A 的交流参数稳压器，稳压器要求质量可靠，反应时间尽量小于 10ms。光谱仪接入端应加装交流接触器及复位开关的断电保护装置。

⑧ 应配备一台吸尘器，用于清理火花台。光电直读光谱仪的安装、调试由仪器厂家派专业安装工程师负责，调试的主要内容为仪器硬件系统的技术参数、软件功能和分析性能的技术指标等，因光谱仪型号众多尚无统一要求，此处不再赘述。

6.2.2 光电直读光谱仪的验收

光谱仪安装、调试完毕后，进入验收阶段。验收是评价仪器质量、性能优劣的一般做法，也是是否同意接收此仪器的重要依据。验收环节由用户与安装工程师共同参与，验收项目一般按照之前签署的技术协议中关于验收的要求执行，少数厂家按照国家标准验收，实验人员应注意认真做好验收实验记录并留存。

光电直读光谱仪的主要验收项目包括：

（1）仪器主机、零部件、附件、专用工具、标准化样品等是否齐全

应在双方人员同时在场时开箱，首先检查仪器是否存在撞击、受潮、雨淋、水泡等受损情况，然后根据标书、采购合同及装箱清单中的内容清查仪器型号、名称、铭牌上的规格是否符合要求，零部件、附件种类及数量是否齐全。

（2）技术资料、图纸等是否齐全

厂家应提供中文版操作手册、维护保养手册等有关资料，进口仪器还应配备英文版资料。

（3）主要技术指标是否合格

测量精密度体现了仪器的综合性能，是仪器投入正常使用的基本条件，也是仪器能否通过验收的首要指标。仪器的精密度包括短期精密度指标和长期精密度指标，短期精密度通过短时多次测量同一均匀样品获得，反映了仪器的重复性；长期精密度是在较长时间间隔情况下，通过检测同一均匀样品获得，反映了仪器的稳定性。

在正常工作条件下，对一块标准样品激发 n 次（$n \geqslant 7$），并计算出 n 次含量（不允许删除异常值）的标准偏差 s 和相对标准偏差 RSD，此为短期精密度值，此值不应高于仪器厂家的精密度验收指标。表 6-3 为某仪器厂商铁基材料中部分元素的短期精密度验收指标。

表 6-3　铁基材料中部分元素的短期精密度验收指标

元素	检出限/%	工作曲线校准上限	含量/%	典型精度	验收指标
C	0.00050	4.00	0.02	0.0005	0.001
			0.10	0.001	0.0015
			1.00	0.005	0.008
			2.00	0.009	0.015
			3.50	0.016	0.025

元素	检出限/%	工作曲线校准上限	含量/%	典型精度	验收指标
Si	0.00060	4.00	0.005	0.001	0.0008
			0.10	0.003	0.0015
			1.00	0.005	0.008
			2.00	0.007	0.012
Mn	0.00025	16.00	0.050	0.0003	0.0003
			0.50	0.002	0.003
			1.00	0.005	0.005
			2.00	0.01	0.01
			10.00	0.06	0.08
P	0.00011	1.00	0.001	0.00006	0.0001
			0.005	0.0002	0.0005
			0.05	0.0008	0.001
			0.10	0.0015	0.002
			0.20	0.002	0.003
			1.00	0.006	0.009
S	0.00018	0.10	0.001	0.0001	0.0002
			0.010	0.0005	0.0008
			0.050	0.0015	0.002
Cr	0.0010	30.00	0.005	0.0002	0.0002
			0.05	0.0004	0.0004
			0.50	0.0015	0.0015
			1.00	0.002	0.005
			2.00	0.005	0.008
			10.00	0.02	0.03
			18.00	0.04	0.05
			25.00	0.06	0.07
Ni	0.00072	40.00	0.020	0.0004	0.0004
			0.50	0.002	0.002
			1.00	0.006	0.006
			3.00	0.02	0.02
			9.00	0.03	0.04
			16.00	0.05	0.06
			38.00	0.12	0.15
Mo	0.00075	4.00	0.005	0.0001	0.0001
			0.02	0.0004	0.0004
			0.050	0.0005	0.0005
			0.10	0.001	0.001
			0.50	0.003	0.003
			2.50	0.012	0.015

元素	检出限/%	工作曲线校准上限	含量/%	典型精度	验收指标
Cu	0.00035	5.00	0.02	0.0002	0.0002
			0.050	0.0005	0.0005
			0.10	0.001	0.001
			0.500	0.004	0.004
			1.00	0.008	0.008
			5.00	0.03	0.03
Al	0.00009	2.00	0.001	0.00005	0.00005
			0.02	0.0003	0.001
			0.05	0.0007	0.0015
			0.50	0.003	0.005
V	0.0001	5.00	0.005	0.0001	0.0001
			0.02	0.0003	0.0003
			0.05	0.0004	0.0004
			0.50	0.002	0.002
			5.00	0.04	0.04
Ti	0.00006	2.50	0.001	0.00003	0.00003
			0.05	0.0005	0.0005
			0.10	0.0015	0.0015
			0.50	0.003	0.004
			1.00	0.007	0.008
			2.00	0.01	0.012
W	0.0024	25.00	0.05	0.0015	0.0015
			1.00	0.006	0.006
			5.00	0.04	0.04
			18.00	0.12	0.12
Nb	0.00036	1.00	0.001	0.0001	0.0001
			0.02	0.0006	0.0006
			0.05	0.001	0.001
			1.00	0.008	0.008
B	0.00004	0.10	0.001	0.00004	0.00008
			0.005	0.0001	0.00015
Co	0.00013	1.00	0.02	0.00025	0.0008
			0.05	0.0005	0.001
			0.10	0.001	0.0025
			0.50	0.004	0.007
Pb	0.00035	0.10	0.001	0.0002	0.0003
			0.005	0.001	0.002
Sn	0.0005	0.10	0.001	0.00015	0.0004
			0.02	0.0004	0.001

验收时，为了考察仪器的长期精密度，应在一次标准化后，对同一均匀样品每隔30min测量 n 次（$n \geqslant 3$），每组测量取平均值，在 $4 \sim 8h$ 内重复 N 组测量，计算 N 个测量平均值的标准偏差和相对标准偏差，同样不应高于仪器厂家的长期精密度验收指标。

（4）人员培训是否合格

完整的人员培训方案为：

① 签订购销合同后，仪器厂家应安排用户操作人员至其实验室或同型号用户单位进行首次培训，使其初步了解仪器有关情况。

② 仪器安装验收时，安装工程师应对操作人员进行有关仪器日常操作及维护保养等的全面培训。

③ 仪器验收一年内，仪器厂家应用工程师应到用户实验室对操作人员进行第三次培训，保证操作人员对仪器各项操作完全掌握。

培训内容应涵盖的项目：

① 仪器的基本原理与结构。

② 仪器的常规分析与操作　标准化、类型标准化的操作步骤及修正效果的判断等。

③ 仪器的常规保养　激发台、电极、辅助间隙、透镜、废氩管路、过滤装置的清理，真空泵的观察、加油、换油等工作。

④ 仪器诊断程序的操作及意义　描迹、暗电流试验、疲劳灯试验等具体操作与数据判断。

⑤ 工作曲线的修正与绘制。

⑥ 分析条件的选择　激发参数，氩气纯度、流量的控制等。

⑦ 分析软件的使用与维护。

⑧ 样品的正确制备。

如光电直读光谱仪整机、附件完好，在验收过程中正常运行并达到共同约定的技术指标，用户经过培训可熟练操作仪器，则代表验收完毕。验收合格后，验收双方应在验收报告上共同签字确认。自验收报告签字确认日起，仪器开始进入质保期，大部分厂商生产的直读光谱仪保修期为一年。

6.3　光电直读光谱仪的检定

为保证光谱分析量值可溯源，确保检测结果的准确性和有效性，仪器一经验收，需经过授权计量部门检定合格，方可投入使用。光电直读光谱仪的检定依据 JJG 768—2005《发射光谱仪》计量检定规程进行。

6.3.1 直读光谱仪的主要检定项目及性能要求

直读光谱仪的主要检定项目及性能要求见表 6-4、表 6-5。

表 6-4 不同情况下直读光谱仪的检定项目

序号	检定项目	首次检定（外检）	后续检定（外检）	使用中检验
1	外观	＋	＋	－
2	绝缘电阻	＋	－	－
3	波长示值误差及重复性	＋	＋	－
4	检出限	＋	＋	＋
5	重复性	＋	＋	＋
6	稳定性	＋	＋	＋

注："＋"为需要检定的项目，"－"为不需要检定的项目。

表 6-5 直读光谱仪的主要检定项目及计量性能要求

级别	A 级	B 级
波长示值误差及重复性	各元素谱线出射狭缝的不一致性不大于 $\pm 10\mu m$ 示值误差 $\pm 0.05nm$ 重复性 $\leqslant 0.02nm$	
检出限/%	C≤0.005， Si≤0.005 Mn≤0.003， Cr≤0.003 Ni≤0.005， V≤0.001	C≤0.02， Si≤0.02 Mn≤0.02， Cr≤0.01 Ni≤0.02， V≤0.01
重复性/%	C,Si,Mn,Cr,Ni,Mo （含量为 0.1%～2.0%时）≤2.0	C,Si,Mn,Cr,Ni,Mo （含量为 0.1%～2.0%时）≤5.0
稳定性/%	C,Si,Mn,Cr,Ni,Mo （含量为 0.1%～2.0%时）≤2.0	C,Si,Mn,Cr,Ni,Mo （含量为 0.1%～2.0%时）≤5.0

一般落地式及台式直读光谱仪的各项计量性能均应达到 A 级指标要求，便携式直读光谱仪的各项计量性能至少均应达到 B 级指标要求。

6.3.2 检定方法

（1）外观检查

用目视观察法检查仪器外观，包括仪器标识是否完整，仪器及附件紧固是否良好，仪器的旋钮及功能键能否正常工作及仪器的所有刻线、刻字是否清晰、均匀。

（2）安全性能

仪器的绝缘电阻应不小于 20MΩ。

（3）波长示值误差的检定

落地式（台式）直读光谱仪：仪器开机后，读取基准波长峰位置（鼓轮刻度）读数，在峰位置两侧各取 5~8 个点，逐点激发某个元素含量较高的标准样品，读取代表元素（如 C，Si，Mn，Cr，V，Cu）的谱线强度，找出峰位置（鼓轮刻度）读数，分别与基准波长的峰位置进行比较，计算其偏差。

便携式直读光谱仪：激发三块不同含量的标准样品，用仪器扫描功能读取代表元素（如 C，Si，Mn，Cr，V，Cu）的波长读数，从短波到长波依次重复测量 3 次。分别计算波长示值误差，其测量平均值与波长标准值之差为示值误差，取绝对值最大者为仪器的波长示值误差。计算波长重复性，3 次测量值的极差为重复性，取最大者为仪器的波长重复性。

（4）检出限的检定

在仪器正常工作条件下，连续激发纯铁（空白）光谱分析标准物质 10 次，以 10 次空白值标准偏差 3 倍对应的含量为检出限，检出限用百分数表示。

（5）重复性的检定

在仪器正常工作条件下，连续激发某低合金钢光谱分析标准物质 10 次，测量其代表元素的含量，计算 10 次测量值的相对标准偏差（RSD），即为其重复性。

（6）稳定性的检定

仪器稳定后，激发某低合金钢光谱分析标准物质，在不少于 2h，间隔 15min 以上，对代表性元素重复 6 次测量。计算 6 次测量值的相对标准偏差（RSD），即为其稳定性。

6.3.3　检定周期

为确保测量数据的准确可靠，直读光谱仪的检定周期一般不超过 2 年。在此期间，当仪器搬动或维修后，应按首次检定要求重新检定。

光电直读光谱仪在企业实验室属于使用较为频繁的仪器，承担大量的样品检验工作，出具的检验数据也极为重要，当测量数据不稳定时，可缩短检定（校准）间隔或在两次检定（校准）之间定期开展期间核查。期间核查的具体方法和项目可参照 JJF 768—2005 中的有关要求执行。

思 考 题

（1）名词解释：基体、通道、分析程序。

（2）光电直读光谱仪大致分为哪几类？用途有何不同？

（3）光电直读光谱仪安装前应具备哪些条件？

（4）光电直读光谱仪验收环节应注意哪些问题？

（5）具备哪些条件后光谱仪方可投入使用？使用初期应注意什么？

（6）光电直读光谱仪检定的主要项目有哪些？

第 7 章

看谱分析

看谱分析也称为目视法光谱分析，是原子发射光谱分析方法中历史较长、应用较广的一类方法。看谱分析产生于 20 世纪 20 年代，最早用于工业生产中的炉料分析，所采用的仪器为看谱仪（俗称看谱镜或验钢镜），此法操作简单快速、设备价位低廉，一般用于金属中合金元素定性及半定量分析，适用于钢铁材料牌号的快速鉴别。考虑到此法在机械、冶金行业现场检测的大量应用，故增加这部分内容以供读者参阅。

看谱分析的原理为：电弧发生器作为看谱仪的激发光源，使样品和电极之间产生电弧，样品及电极中的元素被电弧激发发射出光来，这束复合光被光学元件（棱镜或光栅）分光形成按波长顺序排列的光谱。不同元素激发所形成的光谱是不同的，通过对不同元素光谱的识别和强度评定，可以实现样品中的化学成分的测定。当光谱中出现某一元素的特征光谱时，即表明试样中有这种元素存在，可实现定性分析。通过观察谱线的亮度，可大致判断该元素的含量，以此实现半定量分析。

看谱仪的工作波段一般为 390～700nm 的可见光谱区。为了提高分析灵敏度，看谱分析最好选择人眼灵敏度最高的绿光区（495～581nm）进行。

看谱仪可分析的主要元素有：钢铁样品中的 Cr、W、Mn、V、Mo、Ni、Co、Ti、Al、Nb、Zr、Si、Cu 等；铜合金样品中的 Zn、Ag、Ni、Mn、Fe、Pb、Sn、Al、Be、Si 等；铝合金样品中的 Mg、Cu、Mn、Fe、Si、Sn 等。

看谱仪的型号很多，根据使用方式可分为台式和便携式两类。在企业中的主要用途为：①对金属材料进行分类，避免混料，减少损失；②在金属冶炼中，对金属炉料进行分析；③在加工过程中，如热处理前对牌号进行复查；④设备检修及样机测绘中，确定零部件的化学成分；⑤化学分析前的预分析，尤其对某些未知牌号样品先做定性和半定量分析，可明显提高化学分析的效率、降低成本、提高准确度。

7.1 看谱基础知识

7.1.1 标准光谱图

铁光谱比较法是看谱定性分析最通用的方法。铁光谱的谱线非常丰富，在各波段中均有容易记忆的特征光谱，是测定其他元素谱线的一把特殊标尺，可作为基本的光谱图。用铁光谱作标尺（内标线）的优点就是谱线多，210～

660nm 范围内均匀分布有几千条谱线，大多数元素分析用的谱线都出现在铁的光谱范围内。

标准光谱图就是在相同条件下，把 68 种元素的主要谱线按波长顺序准确穿插在铁光谱图的相应位置上并放大 20 倍制成的。铁光谱比较法实际上是与标准光谱图进行比较，因此又称为标准光谱图比较法。图 7-1 为 235～246nm 范围内标准光谱图与试样光谱图的比较。

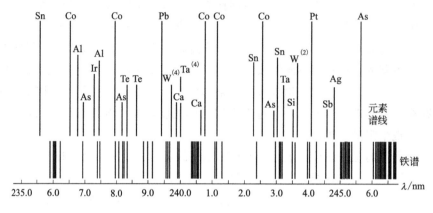

图 7-1　标准光谱图与试样光谱图的比较

7.1.2　分析线的编组及编号方法

元素的各谱线组位于不同的色区，一般按其用于分析含量的高低顺序进行排列，分析低含量的谱线组排在前面，分析高含量的谱线组排在后面。例如，分析钢中的铬元素时，在可见光区内，可采用五个分析谱线组，编组为：

铬 1 组 Cr_3—520.45nm　　Cr_4—520.60nm

铬 2 组 Cr_5—534.58nm　　Cr_6—534.83nm

铬 3 组 Cr_7—540.98nm

铬 4 组 Cr_1—439.13nm

铬 5 组 Cr_2—492.23nm

分析线的编号一般按波长从短至长进行编号。如看谱法分析铬元素时，选取了七条铬的特征光谱，标号为：Cr_1—439.13nm、Cr_2—492.23nm、Cr_3—520.45nm、Cr_4—520.60nm、Cr_5—534.58nm、Cr_6—534.83nm、Cr_7—540.98nm。

内标线的编号是按照谱线的强弱进行排列的，强度小的谱线编号小，强度大的谱线编号大。如看谱分析钢中的铬时，在铬 4 组，内标线的编号为：

Fe_1—436.76nm、Fe_2—436.98nm、Fe_3—437.59nm。

7.1.3 看谱分析标志中常用符号的意义

在一定的分析条件下，通过激发大量已知含量的标准样品，选择一条或若干条待测元素的分析线，同时在这些分析线附近，选择几条强度不等的与分析线均称的基体元素的谱线作为内标线。用分析线与内标线强度相等或不等的关系，建立起被测元素不同含量的分析标志。建立起的分析标志可作为元素半定量分析的依据。

每一种待测元素都有规定的分析线和内标线，制作分析标志时，分析线和内标线的强度经常采用表 7-1 中的符号来比较和分析对应的元素含量。

表 7-1　分析标志中常用的比较符号

序号	符号	注释	举例	说明
1	≪	小小于	$Cr_5 \ll 7$	元素分析线比内标线的强度弱得多
2	<	小于	$Cr_5 < 6$	元素分析线比内标线的强度弱
3	≲	较小于	$Cr_6 \lesssim 7$	元素分析线比内标线的强度稍弱
4	≤	小于或等于	$Cr_6 \leq 7$	元素分析线比内标线的强度近似或有点弱
5	=	等于	$Cr_5 = 7$	元素分析线与内标线的强度相等
6	≥	大于或等于	$Cr_6 \geq 7$	元素分析线比内标线的强度近似或有点强
7	≳	较大于	$Cr_6 \gtrsim 7$	元素分析线比内标线的强度稍强
8	>	大于	$Cr_6 > 5$	元素分析线比内标线的强度强
9	≫	大大于	$Cr_6 \gg 4$	元素分析线比内标线的强度强得多

7.1.4 常见元素的灵敏线

看谱分析广泛用于合金钢及有色金属及其合金的定性和半定量分析。其主要测定的元素为合金元素和少量非金属元素，如钢中常见的 Cr、W、Mn、V、Mo、Ni、Co、Ti、Al、Nb、Zr、Si、Cu 等，铜合金中的 Zn、Ag、Ni、Mn、Fe、Pb、Sn、Al、Be、Si 等，铝合金中：Mg、Cu、Mn、Fe、Si、Sn 等元素。

看谱定性分析选用的分析线应尽量不受其他元素干扰，选择激发能量低而强度高的灵敏线或次灵敏线作为元素是否存在的判断依据。表 7-2 为钢中常见元素的灵敏线。

表 7-2　钢中常见元素的灵敏线　　　　　　　单位：nm

Mn₁	433.90	Mn₄	476.24	Cr₂	492.23	Mg₃	518.36	Mo₄	557.05
V₁	437.92	Mn₆	476.64	Ti₃	499.95	Cr₃	520.45	Mn₉	601.35
V₂	438.47	Mn₇	478.35	Ni₃	503.54	Cr₅	534.58	Mn₁₀	601.66
V₄	439.52	W₁	484.38	W₂	505.33	Cr₆	534.85	Mn₁₁	602.18
Ni₁	471.41	Co₁	486.79	W₃	505.46	Cr₇	540.98	Si₁	634.67
Mn₂	475.40	V₈	487.55	Cu₁	510.55	Mo₃	553.30	Si₂	637.09

7.1.5　铁的特征谱线及谱图

光谱是按照谱线的波长进行排列的，不同波长的谱线有着不同的颜色、排布及亮度，分布在不同颜色的区域中。在每个区域的光谱中，都有一些特征性比较明显的铁的特征线组，这些特征线组在看谱分析中起到定位作用，应予熟记，这样在以后的看谱工作中，查找其他元素的分析谱线就比较容易了。

（1）紫色区特征线组

线组特征：与周围其他谱线比较，相对较亮的三条谱线。从左至右，第一、第二谱线之间的距离为第二至第三条谱线之间距离的两倍。三条谱线的波长，从左到右分别为：438.35nm、440.47nm、441.51nm（图 7-2）。

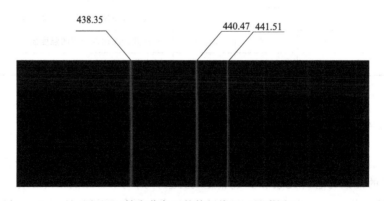

图 7-2　铁在紫色区的特征线组（见彩图 3）

（2）青蓝色区特征线组

线组特征：由三条谱线组成的一组清晰较亮的谱线组。三条线中间一条谱线最亮。周围其他谱线的强度较弱，无明显谱线出现。三条谱线的波长从左到右分别为：452.52nm、452.86nm、453.12nm（图 7-3）。

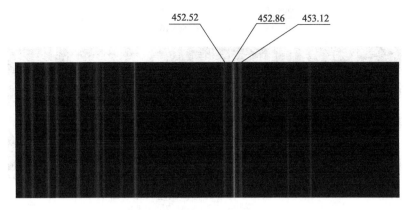

图 7-3　铁在青蓝色区的特征线组（见彩图 4）

（3）蓝绿色区特征线组

线组特征：三组明亮的双线。波长依次为：487.13nm、487.21nm、489.07nm、489.15nm、491.90nm、492.05nm（图 7-4）。

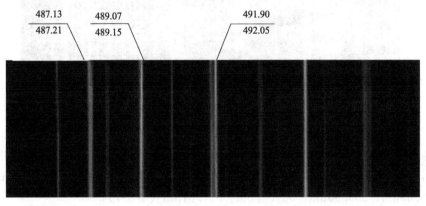

图 7-4　铁在蓝绿色区的特征线组（见彩图 5）

（4）绿色区特征线组

线组特征：两对明晰的双线组，两对双线附近，周围其他谱线的强度较弱，无明显的谱线出现，两对谱线组的波长分别为：504.11nm、504.18nm、504.98nm、505.16nm（图 7-5）。

（5）黄绿色区特征线组

线组特征：一组距离和亮度大致相等的四谱线组，四条谱线最右边一条最亮，从左至右其波长依次为：536.49nm、536.75nm、536.99nm、537.15nm。其左侧有一对排列均匀的明亮谱线，波长为：533.99nm、534.10nm（图 7-6）。

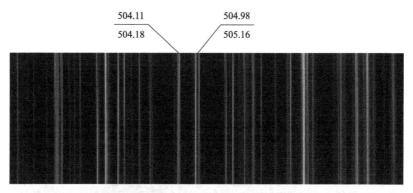

图 7-5　铁在绿色区的特征线组（见彩图 6）

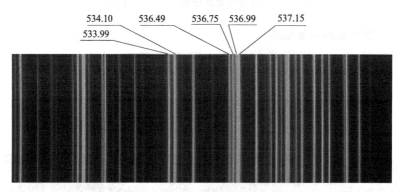

图 7-6　铁在黄绿色区的特征线组（见彩图 7）

（6）黄色区特征线组

线组特征：两组三线系谱线。两组三线系谱线中间，其他谱线的强度较弱，没有很明亮的谱线，两组三线系的波长分别为：549.75nm、550.15nm、550.68nm、556.96nm、557.28nm、557.61nm（图 7-7）。

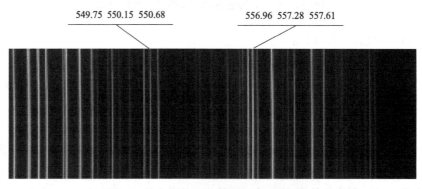

图 7-7　铁在黄色区的特征线组（见彩图 8）

光电光谱分析技术
与应用

(7) 红色区特征线组

线组特征：几乎等距离排列着的五条明亮的谱线。五条谱线的波长从左至右依次为：639.36nm、640.00nm、641.17nm、641.99nm、643.09nm（图7-8）。

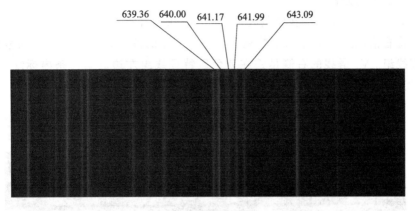

图7-8　铁在红色区的特征线组（见彩图9）

7.2　看谱分析

7.2.1　分析条件

(1) 激发光源

常见金属元素一般采用电弧光源，非金属及难激发元素采用火花光源。

(2) 电极距离

分析试样与固定电极之间的距离一般在 2～3mm。

(3) 固定电极的选择

分析合金钢中常见合金元素常采用纯铜固定电极，分析有色金属一般使用纯铁或碳棒固定电极。

7.2.2　看谱定性分析

看谱定性分析是通过对待测元素特征谱线的识别来确定该元素是否存在。试样光谱中，如果出现几条待测元素的灵敏线，就证明有该元素存在。

对于初学者来说，首先应该熟悉铁光谱图，熟记特征谱线的位置，再把内标线和元素分析线结合起来，熟练掌握元素分析线在铁光谱图中的位置。

钢铁材料中部分元素的定性分析实例如下。

（1）钒的分析

V_1、V_2、V_3线均在紫色区，均可用于钒的日常分析。

将看谱镜上的手轮刻度数调至 437.92nm 的位置，可以找到钒的紫色区特征线组。V_1谱线的右侧是铁在紫色区特征线组左边的第一条内标线，V_2、V_3线在左边第一条与二条内标线之间，如图 7-9 所示。

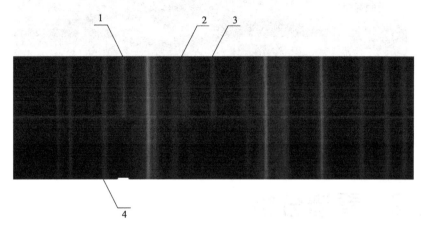

图 7-9　钒在紫色区的分析谱线图与标准光谱图比较（见彩图 10）

预燃时间，30s；

波长：1—V_1，437.92nm；2—V_2，438.99nm；

3—V_3，439.52nm；4—Fe_4，437.59nm

（2）钴的分析

Co_1谱线在蓝绿色区，是分析元素钴的常用分析线。

将看谱镜上的手轮刻度数调至 486.79nm 的位置，可以找到蓝绿色区特征线组。Co_1线的右侧就是特征线组左边一组明亮的双线，左侧有一条明亮的内标线，如图 7-10 所示。

（3）钛的分析

Ti_3线在绿色区，是分析钛元素常用的谱线。

将看谱镜上的手轮刻度数调至 503.54nm 的位置，可以找到绿色区特征线组。Ti_3线在特征线组的左侧，如图 7-11 所示。

（4）镍的分析

Ni_3元素谱线分布在绿色区，是比较常用的分析谱线。

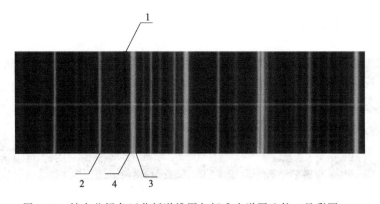

图 7-10　钴在蓝绿色区分析谱线图与标准光谱图比较（见彩图 11）

预燃时间，30s；

波长：1—Co_1，486.79nm；2—Fe_2，485.98nm；

3—Fe_3，487.21nm；4—Fe_4，487.13nm

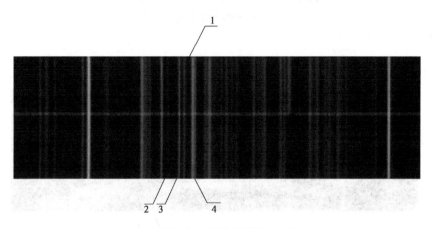

图 7-11　钛在绿色区的特征谱线（见彩图 12）

预燃时间，60s；

波长：1—Ti_3，499.95nm；2—Fe_2，498.89nm；

3—Fe_3，499.41nm；4—Fe_4，500.28nm

　　将看谱镜上的手轮刻度数调至 503.54nm 的位置，可以找到绿色区特征线组。Ni_3 元素谱线的右侧就是特征线组左边双线，波长分别为：504.11nm、504.18nm，如图 7-12 所示。

　　（5）钨的分析

　　W_2、W_3 谱线在绿色区，是分析钨常用的分析线。

　　将看谱镜上的手轮刻度数调至 505.33nm 的位置，可以找到绿色区特征线组。W_2、W_3 线在特征线组的右侧，如图 7-13 所示。

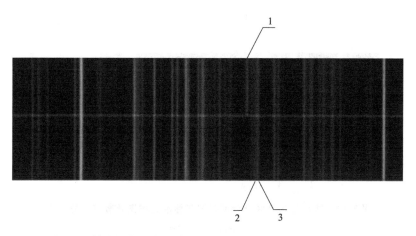

图 7-12 镍在绿色区分析谱线图与标准光谱图比较（见彩图 13）

预燃时间，60s；

波长：1—Ni_3，503.54nm；2—Fe_2，504.11nm；

3—Fe3，504.18nm

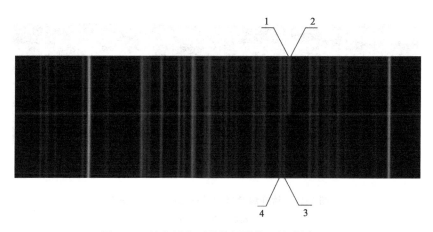

图 7-13 钨在绿色区的特征谱线（见彩图 14）

预燃时间，40s；

波长：1—W_2，505.33nm；2—W_3，505.46nm；

3—Fe_1，505.16nm；4—Fe_2，504.98nm

（6）铬的分析

Cr_5、Cr_6 谱线分布在黄绿色区，是最为常用的铬分析线。

将看谱镜上的手轮刻度数调至 534.58 nm 的位置，找到黄绿色区特征线组。Cr_5 线的左侧是一组明亮的双线组内标线，Cr_6 线右侧则是四线组成的特征线组，如图 7-14 所示。

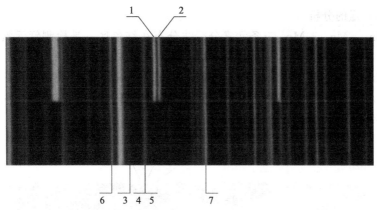

图 7-14　铬在黄绿色区分析谱线图与标准光谱图比较（见彩图 15）

预燃时间，20s；

波长：1—Cr_5，534.58nm；2—Cr_6，534.85nm；

3—Fe_3，533.33nm；4—Fe_4，533.99nm；

5—Fe_5，534.10nm；6—Fe_6，532.42nm；

7—Fe_7，537.15nm

（7）钼的分析

Mo_3、Mo_4 两条元素分析线分布在黄色区，是检测钼元素常用的谱线。

将看谱镜上的手轮刻度数调至 553.30nm 的位置，可以找到黄色区特征线组。Mo_3 线的左侧是特征线组左侧的一组三线系谱线，Mo_4 线则在右侧特征线组的三线系谱线左 1、2 条内标线中，如图 7-15 所示。

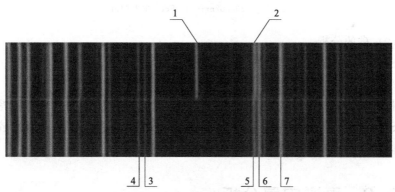

图 7-15　钼在黄色区分析谱线图与标准光谱图比较（见彩图 16）

预燃时间，40s；

波长：1—Mo_3，553.30nm；2—Mo_4，557.05nm；

3—Fe_3，550.15nm；4—Fe_4，549.75nm；

5—Fe_5，556.96nm；6—Fe_6，557.29nm；

7—Fe_7，558.67nm

（8）锰的分析

Mn_9、Mn_{10}、Mn_{11} 三条元素分析线分布在红色区，是检测锰元素常用的谱线。

将看谱镜上的手轮刻度数调至 601.35nm 的位置，可以找到红色区特征线组。Mn_9、Mn_{10} 两条谱线排列在一起，Mn_{11} 在它们的右侧与 Mn_{10} 之间隔着一条基体线。Mn_{11} 的右侧有 2 条比较清晰的基体线，如图 7-16 所示。

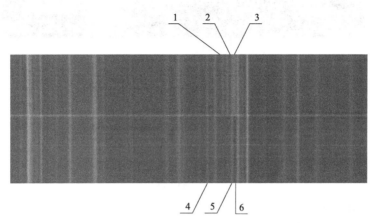

图 7-16　锰在红色区分析谱线图与标准光谱图比较（见彩图 17）

预燃时间，20s；

波长：1—Mn_9，601.35nm；2—Mn_{10}，601.66nm；

3—Mn_{11}，602.18nm；4—Fe_4，600.30nm；

5—Fe_5，602.02nm；6—Fe_6，602.41nm

（9）硅的分析

Si_1、Si_2 两条元素分析线分布在红色区，是分析硅元素常用的谱线。测硅时需采用火花光源激发。

将看谱镜上的手轮刻度数调至 634.70nm 的位置，可以找到红色区特征线组。Si_1、Si_2 两条谱线的右侧是红色区特征线组。Si_1 的左侧有一条比较清晰的基体线，右侧有一组双基体线把它与 Si_2 隔开，如图 7-17 所示。

7.2.3　看谱定量分析

用看谱镜进行定量分析，就是利用谱线的相对强度来确定样品中待测元素的含量。谱线的强度与试样中元素的含量有关。元素含量越高，光谱中该元素的谱线强度越大，即谱线亮度越高。由于试样中基体元素的含量远远大于试样中其他元素的含量，因此基体元素谱线的相对强度在一定的激发条件下，可看

光电光谱分析技术
与应用

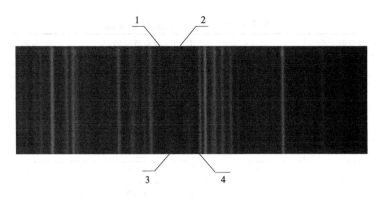

图 7-17　硅在红色区分析谱线图与标准光谱图比较（见彩图 18）

预燃时间，15s；

波长：1—Si_1，634.70nm；2—Si_2，637.11nm；

3—Fe_3，635.50nm；4—Fe_4，639.36nm

作是固定不变的。基于此，可选择各种强度不等的基体线作为比较线（内标线）与待测元素的分析谱线进行比较评判，来确定该待测元素的含量。由于该方法误差较大，只能称作半定量分析。

为了减少看谱分析时操作人员的主观判断误差，对于待测元素含量的判定，有时需要利用几组强度不同的分析线与不同的内标线进行比较后，对待测元素分析谱线的强度进行综合评定，方可得出较为准确的结果。

以钢铁材料中铬元素的半定量分析为例。铬元素的半定量分析常采用分布在黄绿色区的 Cr_5、Cr_6 分析线，其分析范围为 0.2%～30%。图 7-18 为铬在黄绿色区的分析谱线。表 7-3 为铬在黄绿色区的分析标志。

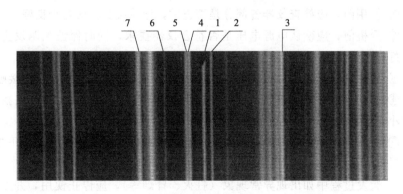

图 7-18　铬在黄绿色区的分析谱线图（见彩图 19）

1—Cr_5；2—Cr_6；3～7—基体内标线

表 7-3 铬在黄绿色区的分析标志

Cr 的质量分数/%	强度评定	Cr 的质量分数/%	强度评定
0.30	1＝7	2.00	1＝5 2≪6
0.35	1≥7	2.50	1＞5 2＝6
0.40	1≥7	3.00	1＜8 2＝5
0.45	1＞7	3.50～4.00	2≥5 1≪8
0.50	2＜7	4.50	1＝8 2＞5
0.60	2≪7	5.50	1≥8 2＜8
0.65	2≪7	8.00	1＞8 2≪8
0.70	2≥7	10.00～12.00	2＝8 1≥4
0.80	1＜6 2≥7	13.00～15.00	2≥8 1＞4
0.90～1.00	1≪6 2＞7	17.00～18.00	2＝4
1.20～1.30	1≪6 2≥7	19.00～21.00	2＞4
1.40～1.50	1＞6 1≪5	23.00～25.00	2≫4
1.60～1.70	1≪6 2＜6	≥31.00	2⋙4

注：≫表示大大于；⋙表示远大于。

7.3 看谱仪的维护及使用注意事项

看谱仪的正确使用和合理维护，是保证设备完好、提高看谱分析准确度的必要条件。日常工作中应注意以下事项：

① 使用前，应检查仪器各部分是否正常，导线接头接触是否良好。

② 开机前，应确认电源电压是否符合仪器要求，同时保证光源发生器接地良好。

③ 应注意仪器的连接导线不要过长或缠绕，并避免与其他金属件接触。

④ 根据具体分析任务，选择合适的激发条件和激发参数，并严格控制极距大小，以防激发不稳定或元器件的损坏。

⑤ 激发过程中，不得改变激发条件和激发参数，严禁用手触动上下电极，以免触电，发生危险。

⑥ 激发过程中如出现异常现象（打火、冒烟等），应停止使用，并立即断电检修。

⑦ 控制合适的分析间隙和光点位置，以保证看谱镜的照明均匀、良好。

⑧ 露天工作时，应避免阳光直射，防止连续光谱对线状光谱的重叠干扰，

以致影响分析的准确度。

⑨ 应确保分析条件与使用分析标志所规定的工作条件一致。

⑩ 谱线模糊时不可进行强度评定，而应通过调整目镜的焦距以获得清晰的谱线后再行评定。

⑪ 应熟记各待测元素分析用的分析线和内标线，或通过标准样品等进行验证。

⑫ 使用看谱仪时，注意不要磕碰，以免影响其正常工作。

⑬ 为保证分析仪的精密度，看谱仪的光学部分不可随意拆卸。

⑭ 看谱仪的光学部分应保持清洁和干燥。工作结束后，应把镜头盖盖好，以防止灰尘的污染。镜头如有污染，不可随意擦拭，应用干净的绸布或软毛刷蘸无水乙醇擦拭。

⑮ 应对光源发生器定期检修，导线接头、放电盘、保护间隙等应定期清理维护。

为确保操作人员人身安全，需注意以下安全事项：

① 操作时应注意用电安全。由于分析时仪器的电压最高可达万伏，操作人员应穿绝缘鞋或站在绝缘垫上操作，避免在湿度较大的环境中工作。

② 样品激发时会产生对人体有害的气体物质和金属蒸气，实验室应配备通风设施。

③ 为尽量减小样品激发时辐射的紫外线对视力和皮肤的损伤，应在电极架前装置护目挡板，并佩戴有色防护目镜。

④ 如需更换样品或电极，务必断电操作。

⑤ 分析成分未知的非金属样品时，应先取少量样品分析，以免发生燃烧或爆炸事故。确认无危险后，方可正常取样，进行常规分析。

思　考　题

（1）试比较光电光谱法与看谱分析法的异同。

（2）看谱分析标志中常用符号的意义是什么？

（3）铁在各个色区的特征线组有哪些？

（4）看谱半定量分析是如何实现的？

（5）看谱仪在使用及维护过程中应注意哪些方面？

附

录

附录1 光电直读光谱分析技术
相关标准、规程

GB/T 14203—2016	火花放电原子发射光谱分析法通则
GB/T 4336—2016	碳素钢和中低合金钢 多元素含量的测定 火花放电原子发射光谱法(常规法)
GB/T 11170—2008	不锈钢 多元素含量的测定 火花放电原子发射光谱法(常规法)
GB/T 24234—2009	铸铁 多元素含量的测定 火花放电原子发射光谱法(常规法)
GB/T 5678—2013	铸造合金光谱分析取样方法
GB/T 26042—2010	锌及锌合金分析方法 光电发射光谱法
GB/T 7999—2015	铝及铝合金光电直读发射光谱分析方法
GB/T 13748.21—2009	镁及镁合金化学分析方法 第21部分:光电直读原子发射光谱分析方法 测定元素含量
GB/T 11066.7—2009	金化学分析方法银、铜、铁、铅、锑、铋、钯、镁、锡、镍、锰和铬含量的测定 火花原子发射光谱法
GB/T 4103.16—2009	铅及铅合金化学分析方法 第16部分:铜、银、铋、砷、锑、锡、锌含量的测定 光电直读发射光谱法
YS/T 482—2005	铜及铜合金分析方法 光电发射光谱法
YS/T 464—2019	阴极铜直读光谱分析方法
SN/T 2083—2008	黄铜分析方法 火花原子发射光谱法
SN/T 2260—2010	阴极铜化学成分的测定 光电发射光谱法
SN/T 2489—2010	生铁中铬、锰、磷、硅的测定 光电发射光谱法
YS/T 559—2009	钨的发射光谱分析方法
YS/T 631—2007	锌分析方法光电发射光谱法
SN/T 2785—2011	锌及锌合金光电发射光谱分析法
YS/T 1036—2015	镁稀土合金光电直读发射光谱分析方法
SN/T 2786—2011	镁及镁合金光电发射光谱分析法
CSM 01 01 01 05—2006	火花源发射光谱法测定低合金钢测量结果不确定度评定规范
JJG 768—2005	发射光谱仪

附录 2 光电直读光谱仪主要生产厂商及产品（排名不分先后）

序号	制造商	国别	型号	外观图	激发光源	光栅参数	曲率半径	线色散率	波长范围	检测器	光室气氛	特点及适用范围
1	赛默飞世尔 Thermo Fisher	美国	ARL iSprak 8820/8860		双电流控制光源（CCS）	机刻光栅：根据需要 1080,1667 或 2160 线/mm	1000mm	一级谱线的线色散率为 0.46nm/mm，二级谱线的线色散率为 0.23nm/mm	120～850nm	PMT	真空	可检测高纯度材质，10⁻⁶级检出限，对痕量元素和短波元素有良好的检出效果，可精确检测酸溶/酸不溶物，O、N气体元素，并可快速检测铁基、铜基、镍基、钛基、锌基、锡基、铝基、银基等基体金属材料的化学成分检测，最多可配置80多个检测通道
2	德国斯派克分析仪器公司	德国	SPECTRO MAXx		全数字光源，PG等离子发生器	3600 线/mm	400mm	0.37nm/mm（1级光谱）	140～770nm	CCD	高纯氩气	适用于合金及高纯金属定量分析。灵敏度高；十个标准基体曲线；N/H/O元素同时分析；小样品分析曲线
3			SPECTRO LAB		全数字光源，PG等离子发生器	3600 线/mm	750mm	0.37nm/mm（1级光谱）	120～800nm	PMT/CCD/CMOS	高纯氩气	适用于合金及高纯金属/贵金属精确定量分析。灵敏度高;15个标准基体曲线;N/H/O元素同时分析

光电光谱分析技术
与应用

序号	制造商	国别	型号	外观图	激发光源	光栅参数	曲率半径	线色散率	波长范围	检测器	光室气氛	特点及适用范围
4	德国斯派克分析仪器公司	德国	SPECTRO TEST		火花光源	3600线/mm	400mm	0.37nm/mm	174~670nm	CCD	高纯氩气	现场对金属材料进行精确分析和牌号鉴别
5	OBLF	德国	GS 1000-Ⅱ		GDS-Ⅲ数字光源	全息凹面光栅	500mm	0.74nm/mm	全波段	PMT	真空	单基体或多基体材料检测
6			QSN 750-Ⅱ		GDS-Ⅲ数字光源	全息凹面光栅	750mm	0.55nm/mm	全波段	PMT	真空	单基体或多基体材料检测
7			QSG 750-Ⅱ		GDS-Ⅲ数字光源	全息凹面光栅	750mm	0.55nm/mm	全波段	PMT	真空	别适用纯金属材质检测

续表

序号	制造商	国别	型号	外观图	激发光源	光栅参数	曲率半径	线色散率	波长范围	检测器	光室气氛	特点及适用范围
8	OBLF	德国	OS.5C		GDS-III数字光源	全息凹面光栅	500mm	0.74	全波段	CMOS	真空	单基体或多基体材料检测
9	岛津	日本	PDA-5000		数字光源	2400线/mm	600mm		165~589nm	光电倍增管	真空	PDA-5000是岛津公司最新开发出的一款落地式光电直读光谱仪,适用于在日常生产管理、质量管理中使用
10			PDA-8000		数字光源	2400线/mm	1000mm		165~800nm	光电倍增管	真空	使用岛津独家研制的直联旋转真空技术及真空泵,新设计的1米光栅分光室,采用目前最先进及最先进的全息光栅刻蚀技术光电倍增管,增设了R6000系列光电倍增管,增设了实时能量监控功能。可以实现现场添加通道

序号	制造商	国别	型号	外观图	激发光源	光栅参数	曲率半径	线色散率	波长范围	检测器	光室气氛	特点及适用范围
11	GNR	意大利	Atlantis(S9)		全数字等离子体火花光源	3600 线/mm	750mm	0.3nm/mm	120～900nm	全PMT,全CMOS,或者PMT+CMOS	真空泵抽真空	光源,光室,检测器三部分恒温装置,可配置无油涡轮分子泵,可以检测N和O元素,可配置水冷火花台。可以分析Fe、Al、Cu、Ni、Ti、Mg、Sn、Pb、Zn、Co,10种元素,可分析基体含量在99.995%的纯金属。主要应用在钢厂,大型铸造厂,科研院所,质检,航空航天,国企等领域
12			Solaris CCD Plus(S5)		全数字等离子体火花光源	3600 线/mm	500mm	0.35nm/mm	130～900nm	CMOS	真空泵抽真空	500mm焦距,恒温系统,真空泵抽真空。高端CMOS检测器型号。可以分析Fe、Al、Cu、Ni、Ti、Mg、Sn、Pb、Zn、Co,10种基体。主要领域:中大型企业。可以检测99.995%以下纯物质。可以检测N元素和一些特殊元素
13			Minilab 300(S3)		全数字等离子体火花光源	3600 线/mm	400mm	0.39nm/mm	130～800nm	CMOS	高纯氩气	Fe、Al、Cu、Ni、Ti、Mg、Sn、Pb、Zn、Co,10种基体;性价比高,主要应用在中型规模企业。可以检测N元素

序号	制造商	国别	型号	外观图	激发光源	光栅参数	曲率半径	线色散率	波长范围	检测器	光室气氛	特点及适用范围
14	GNR	意大利	Minilab 150(S1)		全数字等离子体火花光源	3600线/mm	150mm	0.39nm/mm	160~570nm	CMOS	高纯氩气	Fe、Al、Cu、Ni、Sn、Zn、6种基体，主要应用在小型企业，尤其是小型铸造企业。分析元素不多，有28种。但是分析精度媲美高端型号。检出限只到0.001%
15			Easport Plus(E4)		全数字等离子体火花光源	3600线/mm	150mm	0.39nm/mm	160~570nm	CMOS	高纯氩气	Fe、Al、Cu、Ti、Mg、Sn、Pb、Zn、Co，10种基体。仪器适用于现场分析，尤其是不宜破坏的大样件的分析
16	布鲁克	德国	Q8 Magellan		数字激发源	3600/2400线/mm	750mm		110~800nm	PMT	真空	全数字固态激发源，分析结果异常稳定。新型光电倍增管，暗电流低，信噪比高，最多可配置128个通道。单次火花技术和同时分辨光谱技术，适合于高纯金属分析和合金分析。高真空恒温光学系统，极佳的稳定性适合大型钢铁厂、铸造厂、检测机构、科研机构等

序号	制造商	国别	型号	外观图	激发光源	光栅参数	曲率半径	线色散率	波长范围	检测器	光室气氛	特点及适用范围
17	布鲁克	德国	Q4 Tasman		数字激发源	3600/2400 线/mm	400mm		130～800nm	CCD	高纯氩气	数字激发源;在130～800nm波长范围内记录全部光谱信息,分析元素多,适用范围宽;开放式样品分析火花台满足不同形状样品分析需求,专利电子恒温系统保证检测信号的稳定,具有出色花台稳定性;高性价比,适合于中小型企业、铸造厂、检测机构等
18			Q2 ION		数字激发源	2400 线/mm	150mm		170～685nm	CCD	高纯氩气	数字激发光源,波长覆盖范围:170～685nm。可分析Fe,Al,Cu,Zn,Sn基体;专利动态温度补偿系统,具有出色的稳定性;适合于中小企业,主要用于米料筛选,工艺过程控制和产品质量检测
19	英国阿朗科技公司	英国	ARUN ARTUS 8		数字化4相PWM激发源	可见光室全息凹面光栅2400 线/mm;紫外光室全息凹面光栅3600线/mm	可见光室焦距400mm;紫外光室焦距300mm		130～700nm	高分辨率CCD检测器	空气光室+紫外光室(氩气)	适用于所有金属生产利加工行业,同时也满足企业研究和学术研究等实验室级别的要求。广泛应用于冶金、铸造、高铁、核电、石油化工,航空航天、高校、研究所,第三方检测机构,标准件,汽车配件,电力制造与加工,军工制造,法兰,管道,轴承,矿山机械,模具制造,有色金属冶炼与加工等行业

続表

序号	制造商	国别	型号	外观图	激发光源	光栅参数	曲率半径	线色散率	波长范围	检测器	光室气氛	特点及适用范围
20	英国阿朗科技公司	英国	ARUN ARTUS 10		数字可编程脉冲光源	可见光全息凹面光栅2400线/mm，紫外光全息凹面光栅3600线/mm	可见光室焦距450mm；紫外光室焦距300mm		130~700nm	定制科研级A-CMOS传感器	空气+紫外光室(氩气)	适用于冶金、铸造、高铁、核电、石油化工、航空航天、高校、标准研究所、第三方检测机构、汽车配件、电力金具、军工制造、泵阀制造、法兰、管道加工、建筑工程、模具制造、轴承、矿山机械、模具制造、有色金属冶炼与加工、新能源等行业
21	Belec 贝莱克	德国	Compact Port HLC		光电	3600线/mm	300mm	0.9nm/mm	120~520nm	光电倍增管/CCD	高纯氩气	火花枪可快速进行更换(3种火花枪供选择)；重量仅17kg；结合CCD和PMT光电倍增管的混合设计，碳元素的分析下限为0.003%；采用蔡司制造的3600刻线/mm高精度光栅(5年质保)；恒温装置(允许在极低的操作环境温度<20℃使用)，稳定的检测结果适用于不同温度的室外环境；低损耗钨电极，一个电极可用于多种基体

光电光谱分析技术与应用

续表

序号	制造商	国别	型号	外观图	激发光源	光栅参数	曲率半径	线色散率	波长范围	检测器	光室气氛	特点及适用范围
22	Belec 贝莱克	德国	OPTRON		光电	3600线/mm	200mm	0.9nm/mm	170~420nm	CCD	高纯氩气	世界上最小的台式光谱仪;低成本(入门级);即插即用;推荐用于钢铁、铸铁和铝基检测双光谱分析元素(一种用于紫外线波长元素,另一种用于空气的长波长元素);高品质的成分含量,能分析宽阔波长的长波长元素(此核心部件允许提供2年质保)火花台内的透镜无需清洁(免维护);低损耗钨电极,一个电极可用于多种基体
23			IN-SPECT		光电	3600线/mm	300mm	0.9nm/mm	120~520nm	CCD	高纯氩气	高精度台式光谱仪,火花台内无需清洁(免维护);低损耗钨电极(不需要更换,也不需要重新打磨),一个电极可用于多种基体;高品质CCD,能分析成分含量,采用高精度3600刻线/mm高精度光栅;成熟的CCD光谱室,对于所有基体具有稳定的检测结果;元素数量不限,分析程序数量不限,可分析如Li、Na、K、N等特殊元素;双光谱分析仪

序号	制造商	国别	型号	外观图	激发光源	光栅参数	曲率半径	线色散率	波长范围	检测器	光室气氛	特点及适用范围
24	Belec 贝莱克	德国	Vario Lab 2P/2C		光电	3600 线/mm	500mm	0.52nm/mm	120~820nm	光电倍增管/CCD	高纯氩气/真空	对于大型工件检测,可增加不同类型的外置火花枪;高品质光电倍增管,能分析低成分含量的元素;采用蔡司制造的 3600 刻线/mm 高精度光栅;火花台内的透镜无需清洁(免维护);低频耗钨电极,一个电极可用于多种基体;对于所有基体具有稳定的检测结果;元素数量不限;分析程序数量不限;可分析 Li、Na、K、N 等特殊元素
25	钢研纳克检测技术股份有限公司	中国	Spark CCD 7000		全固态数字火花光源	刻线:2700 线/mm	500mm 焦距	0.7407nm/mm	130~800nm	CCD	高纯氩气	应用于冶金、铸造、机械、钢铁和有色金属等领域的生产过程控制,在汽车制造、航空航天、船舶、机电设备、工程机械、电子电工、教育、科研等领域的原料、零件、产品工艺研发方面都有广泛的应用。用于 Fe、Al、Cu、Ni、Co、Mg、Ti、Zn、Pb、Sn、Mn 等金属及其合金的样品分析

光电光谱分析技术
与应用

序号	制造商	国别	型号	外观图	激发光源	光栅参数	曲率半径	线色散率	波长范围	检测器	光室气氛	特点及适用范围
26	钢研纳克检测技术股份有限公司	中国	LabSpark 1000		全固态数字火花光源	刻线：2400线/mm	750mm 焦距	0.55nm/mm	120～800nm	PMT	真空	应用于冶金、铸造、机械、金属加工等领域的生产工艺控制、炉前检验，中心实验室成品检验，可用于Fe、Al、Cu、Ni、Co、Mg、Ti、Zn、Pb、Sn、Ag等多种金属及其合金样品分析，稳定性好，检测限低，快速分析，运行成本低，方便维护，抗干扰能力强
27	山东东仪光电仪器有限公司	中国	DF170		变频固态数字光源	2400线/mm	750mm	0.055nm/mm	140～750nm	定制化、高灵敏度PMT检测器	真空	采用参数可调的变频固体数字光源；整体出射效率键为国内首创，世界先进，自动描迹为世界先进水平，填补国内同类仪器空白；采用两级阀门控制技术防止真空返油；各系统独立供电，单元化设计；维修方便快捷
28			DF200		变频等离子体光源	全息凹面光栅2400线/mm，3600/mm	750mm	0.037nm/mm	120～800nm	定制化、高灵敏度PMT检测器	真空	该仪器能够对几十种元素进行准确分析（包括N元素）；分析通道可达80个，是一款高端智能金属分析仪；采用数字化II型光源，扩大了元素的分析范围，能够满足元素的高含量和痕量元素的分析；DF-200具有同时分析多种基体的能力，如Fe、Al、Cu、Ni、Pb、Zn、Mg、Co、Sn、Ti等

续表

序号	制造商	国别	型号	外观图	激发光源	光栅参数	曲率半径	线色散率	波长范围	检测器	光室气氛	特点及适用范围
29	山东仪器光电仪器有限公司	中国	DF410		火花脉冲数字光源	2400线/mm	400mm	10pm/mm	140~750nm	高分辨率CCD检测器	真空	DF-410采用适应CCD采集的C-T光学系统，实现了全谱140~750nm波段真正的全谱分析。使用平场光栅，减少CCD使用数量，提高了分析数据精度及稳定性，可满足超高含量和痕量元素分析。用于Fe、Al、Cu、Zn等金属及其合金的样品分析
30			DF660		火花脉冲数字光源	3600线/mm	450mm	7pm/mm	130~800nm	高分辨率CCD检测器	真空	采用创新的DF-VI全谱接收装置，实现130~800nm波段全谱分析。独立的光谱采集、处理模块，高性能的ARM处理器，实时操作系统，优化的数据处理算法，极大地缩短了分析时间，提高了仪器的分析精度。用于Fe、Al、Cu、Ni、Ti等金属及其合金的样品分析
31			DF700		火花脉冲数字光源	2400线/mm	400mm	10pm/mm	140~750nm	高分辨率CCD检测器	充氩	创新的全谱接收装置，可实现140~750nm的全波段谱线分析；最新的第三代温控系统，大大降低了能耗，提高了仪器的稳定性；数字化光源的采用，扩大了元素的分析范围，满足高含量和痕量元素分析

序号	制造商	国别	型号	外观图	激发光源	光栅参数	曲率半径	线色散率	波长范围	检测器	光室气氛	特点及适用范围
32	山东东仪光电仪器有限公司	中国	DF800		火花脉冲数字光源	全息回面光栅 2400 线/mm, 3600/mm	350mm/273mm	7pm/mm	120~850nm	高分辨率CCD检测器	真空光室+空气光室	创新的全谱接收装置，可实现120~850nm波段的全谱分析(可分析N元素)；革新的气路设计，增加了火花台积灰冲洗功能，主从火花气路可调，气路板密封功能，减少氩气流量，减少火花台积灰，氩气置换气功能，大大缩短了开机氩气氛围建立的时间
33	无锡市金义博仪器科技有限公司	中国	TY-9000型全谱直读光谱仪		数字光源、高能预燃技术(HEPS)	2400 线/mm	400mm	0.55	170~580nm	CMOS	真空	高性能光学系统设计及采用高精度的光学元件可精确测定非金属元素中C,P,S,N以及各种元素含量，其广泛应用于机械、科研、商检、汽车、石化、造船、电力、航空、核电金属和有色金属冶炼、加工和回收工业中的各种分析
34		中国	W5型全谱直读光谱仪		DDD数字激发光源、高能预燃技术(HEPS)	2400 线/mm	400mm	0.55	165~580nm	CMOS	真空	高分辨多CMOS读出系统，更低的暗电流，更好的稳定性，更强的灵敏度，满足N的分析要求

序号	制造商	国别	型号	外观图	激发光源	光栅参数	曲率半径	线色散率	波长范围	检测器	光室气氛	特点及适用范围
35	无锡市金义博仪器科技有限公司	中国	W6型全谱直读光谱仪		数字光源、高能预燃技术（HEPS）	2400线/mm	400mm	0.55	120～589nm	高性能CCD阵列	真空	冶金、铸造、机械、科研、商检、汽车、石化、造船、电力、航空、核电、金属和有色金属冶炼、加工和回收工业中的各种分析
36		中国	M4型全谱直读光谱仪		可编程脉冲数字光源	3600线/mm	300mm	0.35	165～580nm（可扩展）	多CMOS检测器	高纯氩气	高分辨率CMOS检测器实现全谱分析，谱线覆盖了所有的重要元素，满足所有基体和材料的分析。高灵敏的紫外区检测，对N的分析检测更准确
37	赛光科技	中国	M5000		脉冲合成全数字光源（可编程脉冲全数字光源）	光栅刻线数 2400线/mm，3600线/mm	双光室曲率半径400mm，300mm	可见光：1nm/mm 紫外光：0.8nm/mm	140～680nm	多个高性能CCD探测器	高纯氩气	炉前快速定量分析，金属材料质量监控，其分析精度完全满足实验室级别的要求，数据稳定可靠，被广泛应用于铸造、冶金、航空、消防、金属机械加工、航空材料鉴定、新材料开发等行业的来料检验、质量控制及出厂检验等

序号	制造商	国别	型号	外观图	激发光源	光栅参数	曲率半径	线色散率	波长范围	检测器	光室气氛	特点及适用范围
38	聚光科技	中国	M4000		脉冲合成全数字光源（可编程脉冲全数字光源）	光栅刻线数 2400 线/mm	单光室曲率半径 400mm	1nm/mm	175～520nm	多个高性能CCD探测器	氩气循环自净化	铸造、冶金、机械加工、消防、航空航天、金属加工、金属材料质量鉴定、新材料开发等行业
39	无锡创想分析仪器有限公司	中国	CX-9800L		全数字式火花光源发生器	3600 线/mm	400mm	1.2nm/mm	160～800nm	多块高性能线阵CCD		可测定包括碳（C）、硫（S）、磷（P）元素，适用于多种金属基体，如：铁基、铝基、铜基、镍基、铬基、钛基、镁基、锌基、锡基和铅基。全谱技术覆盖了全元素分析范围，可根据客户需要选择通道元素。广泛应用于冶金、铸造、机械、兵器、航空航天、汽车制造、金属加工等领域的生产工艺控制，以及炉前化验、中心实验室成品检验

参 考 文 献

[1] 曾泳淮 . 分析化学 . 仪器分析部分 [M] . 3 版 . 北京：高等教育出版社，2020.

[2] 柯一侃，董慧茹 . 分析化学手册：第三分册：光谱分析 [M] . 2 版 . 北京：化学工业出版社，1998.

[3] 夏之宁 . 光分析化学 [M] . 重庆：重庆大学出版社，2004.

[4] 汪祖成，田笠卿，陈新坤，等 . 现代原子发射光谱分析 [M] . 北京：科学技术出版社，1999.

[5] 邓勃，李玉珍，刘明钟 . 实用原子光谱分析 [M] . 北京：化学工业出版社，2013.

[6] 徐秋心主编 . 实用发射光谱分析 [M] . 四川：四川科学技术出版社，1993.

[7] 陈新坤 . 原子发射光谱分析原理 [M] . 天津：天津科学技术出版社，1991.

[8] 郑国经，计子华，余兴 . 原子发射光谱分析技术及应用 [M] . 北京：化学工业出版社，2009.

[9] 高宏斌 . 火花源原子发射光谱分析技术 [M] . 北京：中国标准出版社，2012.

[10] 周西林，叶反修，王娇娜，叶春晖 . 光电直读光谱分析技术 [M] . 北京：冶金工业出版社，2019.

[11] 曹宏燕，等 . 分析测试统计方法和质量控制 [M] . 北京：化学工业出版社，2016.

[12] GB/T 14203—2016 . 火花放电原子发射光谱分析法通则 [S] .

[13] GB/T 4336—2016 . 碳素钢和中低合金钢 多元素含量的测定 火花放电原子发射光谱法（常规法）[S] .

[14] GB/T 11170—2008 . 不锈钢 多元素含量的测定 火花放电原子发射光谱法（常规法）[S] .

[15] GB/T 8170—2008 . 数值修约规则与极限数值的表示和判定 [S] .

[16] GB/T 28898—2012 . 冶金材料化学成分分析测量不确定度评定 [S] .

[17] JJG 768—2005 . 发射光谱仪 [S] .

[18] JJF 1059.1—2012 . 测量不确定度评定与表示 [S] .

[19] GB/T 27411—2012 . 检测实验室中常用不确定度评定方法与表示 [S] .

[20] GB/T 4883-2008 . 数据的统计处理和解释 正态样本离群值的判断和处理 [S] .

[21] GB/T 6379.1—2004 . 测量方法与结果的准确度（正确度与精密度）第 1 部分：总则与定义 [S] .

[22] GB/T 28898—2012 . 冶金材料化学成分分析测量不确定度评定 [S] .

[23] CSM 01 01 01 05—2006 . 火花源发射光谱法测定低合金钢测量结果不确定度评定规范 [S] .

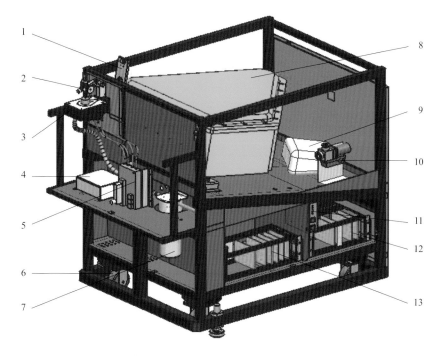

彩图1 落地式光电直读光谱仪整机结构简图（图3-1）

1—透镜抽板；2—试样压架；3—激发台；4—数字光源箱；
5—气路控制板；6—万向轮；7—废氩瓶；8—光学室；9—恒温风机；
10—电磁阀；11—真空控制板；12—高压箱；13—检测箱

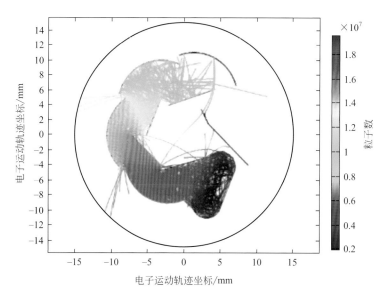

彩图2 光电倍增管内电子轨迹（图3-16）

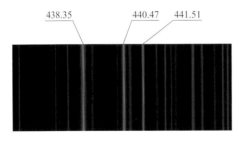

彩图3　铁在紫色区的特征线组（图7-2）

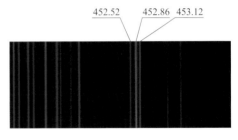

彩图4　铁在青蓝色区的特征线组（图7-3）

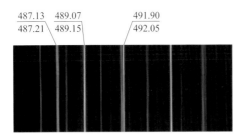

彩图5　铁在蓝绿色区的特征线组（图7-4）

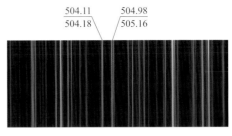

彩图6　铁在绿色区的特征线组（图7-5）

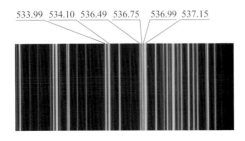

彩图7　铁在黄绿色区的特征线组（图7-6）

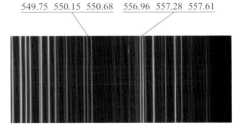

彩图8　铁在黄色区的特征线组（图7-7）

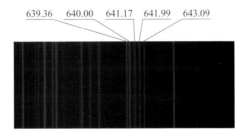

彩图9　铁在红色区的特征线组（图7-8）

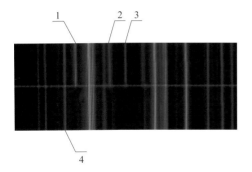

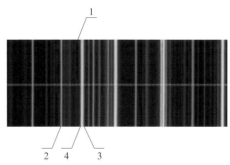

彩图10 钒在紫色区的分析谱线图与
标准光谱图比较（图7-9）
预燃时间，30s；
波长：1—V_1，437.92nm；2—V_2，438.99nm；
3—V_3，439.52nm；4—Fe_4，437.59nm

彩图11 钴在蓝绿色区分析谱线图与
标准光谱图比较（图7-10）
预燃时间，30s；
波长：1—Co_1，486.79nm；2—Fe_2，485.98nm；
3—Fe_3，487.21nm；4—Fe_4，487.13nm

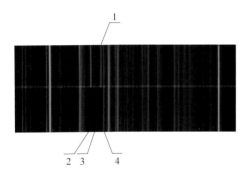

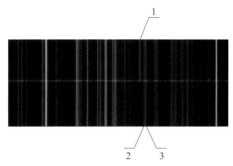

彩图12 钛在绿色区的特征谱线（图7-11）
预燃时间，60s；
波长：1—Ti_3，499.95nm；2—Fe_2，498.89nm；
3—Fe_3，499.41nm；4—Fe_4，500.28nm

彩图13 镍在绿色区分析谱线图与
标准光谱图比较（图7-12）
预燃时间，60s；
波长：1—Ni_3，503.54nm；2—Fe_2，504.11nm；
3—Fe_3，504.18nm

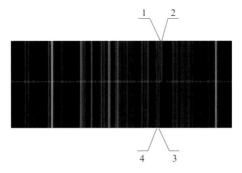

彩图14 钨在绿色区的特征谱线（图7-13）
预燃时间，40s；
波长：1—W_2，505.33nm；2—W_3，505.46nm；
3—Fe_1，505.16nm；4—Fe_2，504.98nm

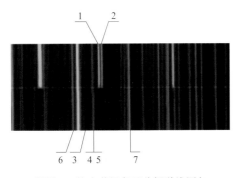

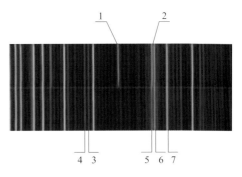

彩图15　铬在黄绿色区分析谱线图与
标准光谱图比较（图7-14）
预燃时间，20s；
波长：1—Cr_5，534.58nm；2—Cr_6，534.85nm；
3—Fe_3，533.33nm；4—Fe_4，533.99nm；
5—Fe_5，534.10nm；6—Fe_6，532.42nm；
7—Fe_7，537.15nm

彩图16　钼在黄色区分析谱线图与
标准光谱图比较（图7-15）
预燃时间，40s；
波长：1—Mo_3，553.30 nm；2—Mo_4，557.05nm；
3—Fe^3，550.15nm；4—Fe_4，549.75nm；
5—Fe_5，556.96nm；6—Fe_6，557.29nm；
7—Fe_7，558.67nm

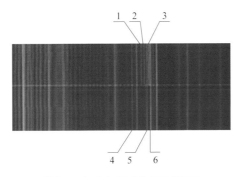

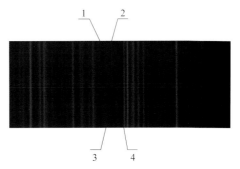

彩图17　锰在红色区分析谱线图与
标准光谱图比较（图7-16）
预燃时间，20s；
波长：1—Mn_9，601.35nm；2—Mn_{10}，601.66nm；
3—Mn_{11}，602.18nm；4—Fe_4，600.30nm；
5—Fe_5，602.02nm；6—Fe_6，602.41nm

彩图18　硅在红色区分析谱线图与
标准光谱图比较（图7-17）
预燃时间，15s；
波长：1—Si_1，634.70nm；2—Si_2，637.11nm；
3—Fe_3，635.50nm；4—Fe_4，639.36nm

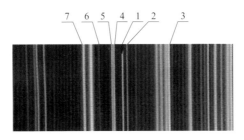

彩图19　铬在黄绿色区的分析谱线图（图7-18）
1—Cr_5；2—Cr_6；3～7—为基体内标线